식품개발의 방법

岩田直樹 著

오 남 순 譯
(공주대학교 식품공학과 교수)

유한문화사

食品開發の
進め方

岩田直樹

번역서문

식품개발에 관한 전문지식은 대부분이 기업체의 실무에서 경험으로 축적되는 경우가 많다. 식품개발의 방법에 대한 구성은 사실 식품과학과 기술의 내용만으로는 충분하지 않으며, 상당 부분은 경영학, 마케팅학 및 실무 경험 등으로부터 도움을 받아야 할 것이다. 따라서 식품개발의 방법에 대한 전체적인 내용과 범위를 일반적으로 규정하거나 설정하는 데는 다소의 어려움이 따르게 된다.

식품개발은 기업체의 운명과 직결될 정도로 중요한 만큼 이 분야에 종사하는 전문가들은 식품개발의 방법론에 관한 전체적인 윤곽을 파악해둘 필요가 있다. 특히 식품업체에서 처음으로 식품개발을 담당하는 연구원 뿐만 아니라 식품업체를 경영하는 분들에게도 식품개발에 대한 기본적인 이론과 실무지식의 습득이 요구되고 있다.

이러한 식품개발에 참여하는 식품 종사자들이 전체적인 식품개발의 윤곽을 용이하게 파악할 수 있는 서적의 필요성을 느끼던 차에 이 책을 번역하게 되었다.

이 책의 저자는 일본의 식품전문기업인 아지노모도사와 장류제조회사에서 오랫동안 연구개발에 종사하면서 터득한 이론과 실무경험을 바탕으로 식품개발의 절차, 기법, 요령 등을 간단하고 명료하게 설명하고 있다.

식품에 종사하는 분들에게 식품개발의 방법에 대한 구체적 내용을 충분히 전달하고 있어서 업무에 많은 참고가 되리라 믿는다.

끝으로 번역을 하면서 원서의 내용을 그대로 전달하려고 노력하였

6

으나 번역에 매끄럽지 못한 부분이 있을 것으로 생각한다. 독자의 많은 이해를 구한다.

번역에 많은 조언을 해준 충북대학교 김근형 교수와 번역서의 수정과 교정을 도와준 아내와 처제에게 고마움을 전한다. 자료를 정리해 준 박사과정의 오철환 군에게도 감사의 뜻을 보낸다.

무엇보다도 번역본의 출간을 흔쾌히 허락해 주신 유한문화사 천승배 사장님 이하 여러분께 깊은 사의를 표한다.

역자 씀

추 천 사

이와타 나오키 씨의 「식품개발의 방법」이 출판(幸書房)되었다. 오랫동안 기다렸던 것이다.

원래는 이와타 나오키(岩田直樹) 선생이라고 불러야만 하겠지만 오랫동안 교제하여 온 관계로 그렇게 하면 서먹서먹하기 때문에 이와타(岩田) 씨라고 부르고 싶다.

이와타 나오키 씨와의 교유도 40년이 넘었다. 아지노모도 주식회사의 신설된 식품연구소에서 「튀김용 식용유의 품질저하 현상」의 연구를 수행하였던 때는 모두 젊어서 같은 연구를 진행하는 동료이자 동지였다.

1955년 당시는 식용유는 귀중품으로 주요 용도는 튀김용이었다. 튀김유가 거품이 일어나게 되면 기름을 전부 교환하지 않으면 안 되며, 경제적인 문제로 번져 튀김유의 품질저하는 종종 클레임의 대상이 되는 유지사업의 큰 문제였다.

우리들은 이 문제에 몰두하였다. 이와타 씨는 솜씨가 좋아 실험에 능숙하여 잇달아 새로운 식견을 얻게 되어 이론적 고찰도 당시는 새로웠던 유지의 자동산화 학설을 정교하게 정리하여 「유화학」(현재의 Oleo-science)에 몇 편의 논문을 연명으로 발표하였다.

이들 연구논문은 높이 평가되어 유지공업회로부터 논문상(현재 유화학회상에 해당)을 받았고, 또한 이 논문이 기본이 되어 나는 토쿄대학에서 농학박사 학위를 받았다.

그 후 이 학위를 갖고 키타사토대학 수산학부의 교수가 되었다. 생각해 보면 젊은 시절의 이와타 씨에게 나는 학위를 받은 사람으로서 지금도 이와타 씨의 주소지인 네리마(練馬) 쪽으로 발을 향해 눕지 않는다.

그 후 이와타 씨는 유지부문에서 조미료부문으로 옮겼다. 회사라고 하는 조직은 비정해서 우수한 사람은 숙달된 부문에 관계없이 새로운 분야로 이동시킨다. 결과적으로 당사자는 업무 수행 범위가 넓어서 신제품 개발에도 도움이 되게 된다.

아지노모도 주식회사의 고유한 상품군으로서 「Cook Do」로 알려진 히트 상품이 지금도 인기를 얻고 있는데, 이것은 당시의 이와타 씨가 중심이 되어 개발한 것이다.

이와타 씨는 정년 후에 하나마루키 주식회사의 기술연구소장으로 영입되었다. 하나마루키는 장류 제품을 주체로 하는 회사인데, 회사의 상품군은 달라도 이와타 씨는 개발의 중심에 있게 된 것이다. 구성원으로 꾸준히 연구를 진행하는 입장에서 많은 사람을 통솔하여 가는 입장이 되었다. 한 사람의 수재에서 여러 사람으로부터 존경받는 「Leader」가 되었던 것이다.

이번 기회에 이와타 씨는 이제까지의 자신의 경험을 토대로 하여 「식품개발의 방법」을 완성하였는데, 목차의 내용은 순서대로 「인간과 먹는 것」, 「신제품 개발은 왜 필요한가」, 「신제품 개발의 기획」, 「신제품의 시험제작과 공업화」, 「식품개발의 공통기술(1)-가공식품의 보존기술」, 「식품개발의 공통기술(2)-포장기술」로 되어 있다.

이와타 씨는 「미생물의 제어기술」 등은 잘 모르는 분야라고 생각하고 있지만 읽어 보면 실용적으로 충분하고 필요한 기술은 모두 담겨져 있다. 전문 학자가 정리한 것 못지않게 알기 쉽게 하였다. 이 분야에도 여러 가지로 힘써서 연구하였을 것이다. 이와 같은 것은 그

저 하나의 예일 뿐으로 본서의 여기저기에 이와타 씨의 고심의 흔적이 엿보인다.

이번의 「식품개발의 방법」의 특징은 누가 읽어도 도움이 된다는 것이다. 젊은 개발담당자는 물론이고 Leader격의 사람이 읽어도 좋으며 또한 교재로 사용해도 도움이 될 것이다. 그만큼 본서는 실용적인 것으로서 회사의 규모와 상관없이 도움이 된다.

본서는 식품의 신상품 개발을 공식화 또는 이론화한 몇 되지 않는 명저라고 생각한다. 개발담당자에게는 곁에 두지 말고 개발 작업장에 두어 활용하게 하고 싶고 식품 관계자에게도 접하게 하고 싶다.

인사말이 아니라 실제적인 것으로서 본서를 추천하는 바이다.

北里大學 名譽教授
太田靜行

머 리 말

저자가 식품의 신제품 개발에 관계하게 된 것은 1960년대 말부터이다. 당시는 일본 경제의 고도성장기로서 그 때까지 가내공업의 단계를 벗어나지 못한 상태에 있던 식품업계는 비약적으로 발전하고 많은 신사업과 신제품이 생겨났던 시기였다. 일본사회는 경제력의 향상에 힘입어 크게 변화하는 가운데 소비자의 식생활에 대한 향상의 욕도 강하였다. 개발담당자의 입장에서는 혜택을 받은 시대였다고 말할 수 있다.

그 후 30년 동안 연구개발 부문에 소속되어 직접·간접 어떤 형태로든 주로는 즉석식품과 조리식품의 신제품 개발에 관계되어 오다가 작년에 샐러리맨을 졸업하였다.

그 무렵의 일이지만 동료가 「그런데 당신의 전공은 무엇입니까?」라고 물으면 대답하기가 곤란했었다. 그는 저자와 같은 기술부에 있었는데, 그의 이야기로는 전공에 대한 질문에는 기술을 중심으로 대답해야 한다는 것이다. 발효라든가 혹은 식품공학이든가 특정 기술분야를 중심으로 "무엇을 대상으로, 어떠한 기술에 관계되어 왔는가"에 대한 설명을 해야 한다는 것이다. 그러나 상품개발만을 수행하여 온 저자에게는 건조식품, 냉동식품, 저온식품, 레토르트 식품 등을 직접 다루었지만, 그 어느 것에도 전문가라고 말하는 것은 부끄러운 것 같다. 또한 조미기술은 동료들 사이에서 그런 대로 인정받고 있었지만, 그렇다고 해도 요리사 여러분들의 지도 덕분으로 아무리 해도 그것이 본인의 전공이라고 말하기는 어렵다. 자신의 경력을 설명하는 데는 무엇을 개발했는가 등 결국 어떤 일로서 설명할 수 밖에 달리 도리가 없는 것이 실상이다.

상품개발은 기업이 가지고 있는 마케팅, 연구개발, 생산, 판매 등의 모든 기능을 종합하여 고객이 만족하는 제품을 제공하는 것이다. 상품개발에 관한 업무활동은 기업 속에서 여러 부문에 걸쳐 복잡하게 이루어지는 것으로, 우리 기술부가 해야만 하는 것은 자신이 가지고 있는 기술을 사용하여 고객의 구매력을 유발하는 품질 특성과 기능을 제품이라는 실체에 부여하는 것과 그 제품의 품질을 항상 보증할 수 있게 하는 것이다.

그것을 위해서는 핵심기술(core technology)과 더불어 주변기술(support technology)이 필요하다. 그 중에서도 특히 식품의 경우는 건강에 직간접적으로 관여하는 것이기 때문에 변질방지와 내용물의 보호가 중요한 기술적 과제이다. 그것을 전부 자기 혼자의 노력으로 확립하는 것은 어렵고 또한 비효율적이다. 선배들이 개발한 기술을 받아서 사용하거나 혹은 그것을 정리하여 활용한다는 생각을 해야 한다. 기술부는 자기 자신의 성을 쌓아 올리고 싶어하는 경향이 있지만 상품개발에 요구되는 것은 본질적으로 기술의 전문성보다는 얕을지라도 여러 가지 해박한 지식으로 어떤 일이 이루어지는 것으로 생각된다.

신제품을 개발하고자 할 때에 누구든지 생각하는 것은 잘 팔리고 이익이 남는 상품을 만들고 싶어 한다는 것이다. 그러나 「1,003번째」라고 하는 말이 있는데, 신제품의 개발도 상품으로서 성공하는 것은 「1,000개의 아이디어 중 3개」 정도가 아닐까 한다. 본인도 개발 최초부터 팔린다고는 도저히 생각할 수 없는 그러한 기획에 참여하여 고민하였던 경험이 있다. 또한 팔린다고 자신을 가졌던 것이 조금도 팔리지 않아서 서둘러서 판매를 일찍 종료하였던 경우도 있었다.

상품은 소비자의 요구에 부응하여 만족을 주어야 한다고 말하지만, 말은 쉽지만 행동은 어렵다. 실패의 원인은 소비자의 요구와의 불일치 등 계획의 실패, 품질 또는 가격에 대한 불만 등 개발시작에서의 실패, 판매와 광고 전략의 실패 등 여러 가지 경우가 있다.

신제품과 기술의 관계에 대하여 좀 더 살펴보면, 상품개발에 있어서 기술은 중요한 요소이고, 많은 경우에 신기술 개발에 의하여 신제품이 만들어지는 것임에는 틀림이 없다. 신기술의 개발에 의하여 최초로 상품화가 가능하게 되는 것도 있다. 그러나 반드시 신기술만으로 신제품이 만들어지는 것은 아니다. 즉, 연구를 수행한 결과로서 신제품이 나온다는 뜻은 아니다. 역으로 신기술이 아니더라도 소비자의 요구가 있으면 기존기술의 조합 또는 불완전한 것을 고치는 정도의 개선에 의해서도 신제품이 탄생하는 것이다.

식품은 태고적부터 기본적으로는 같은 것을 먹고 있기 때문에 신제품이라고 하더라도 예로부터 존재하던 식재료의 형태를 바꾼 것이라고 말해도 과언은 아니다. 또한 식품기술이란 것도 오랜 역사 속에서 과학적 개념도 없는 속에서 생겨난 기법의 연장선 위에 있는 것들이 많다. 그러므로 식품은 기존 기술의 조합에 의하여 신제품이 만들어지는 경우가 타 제품에 비하여 많은 것으로 생각된다.

기존의 기술과 명확히 차별화되어 타사가 따라올 수 없는 신기술을 가진 경우는 신제품의 개발에서 매우 유리하고 따라서 기술개발이 중요하다는 것은 이론의 여지가 없다. 그러나 상품개발의 성공 여부는 소비자의 요구 발굴에 기초를 둔 상품기획에 의존하는 경우가 많다고 생각된다. 그러므로 상품개발에 관계하는 기술자는 비록 기술자라고는 하지만 상품개발 전체의 계획에 당연히 신경을 써야 하는 것이 아닌가 하고 생각한다. 상품개발에 종사하는 데는 검토사항, 절

14

차 및 의사결정의 구조에 대하여 대강의 것은 이해하여 두는 것이 필요하다. 그래서 지금 실시하고 있는 것이 팔릴 상품을 개발하기 위하여 적절한가를 판단할 수 있는 능력을 키워 두는 것이 필요하다.

저자가 상품개발의 시스템이나 프로그래밍에 대하여 연구를 하였다는 뜻은 아니다. 실제로 신제품을 시험제작하는 중에 어떻게 하는 것이 좋은가를 생각하고서 전문가에게 지도를 받았거나 또는 선배나 동료에게 조언을 듣거나 논의를 하여 왔다. 거기서부터 얻어 온 많은 것을 정리하여 젊은 후계자들에게 글로 남기고 싶다는 생각으로 저자의 체험을 근거로 한 상품개발의 골격을 입문서로 종합하여 보는 바이다.

본고를 쓰는 중에 이런 것 저런 것으로 전하고 싶은 것이 늘어 완성에 부족한 점이 있었다. 또한 개요의 서술에 머무르고 말았지만 상세한 내용에 대해서는 책으로 되어 있는 것이 많이 있어서 그것들을 참조하였다.

시대가 흘러 식품업계는 성숙하였고 소비자의 식품에 대한 의식도 변하였다. 우리의 시대에는 시행착오를 할 수 있는 여유가 있었지만 오늘날에는 상품개발이 한층 더 엄격해지고 신제품은 또한 소형화되고 있다. 그런 상황에서 상품개발은 치밀한 계획에 기초하여 정확하고 신속히 실시하는 것이 필요하게 되었다. 앞으로 식품개발에 종사하는 사람들에게 본서가 조금이라도 도움이 되었으면 다행이다.

본서가 출판될 수 있었던 것은 예전의 상사였던 오오타 시즈유키 선생의 조언과 격려, 회사생활을 보살펴 준 많은 상사, 선배, 동료 여러분의 덕택으로 이에 감사드린다.

岩田直樹

목 차

1장. 인간과 먹는 것 / 21

1. 인간의 식 행동 ·· 21

　1) 식 행동의 원형 ······································ 22
　2) 문화로서의 식 행동 ································· 26
　3) 식 행동으로서의 음식물 터부 ··············· 28
　4) 쾌락으로서의 식 행동 ···························· 30
　5) 경사스러운 날의 식사와 어머니의 음식맛 ········ 32

2. 포식의 시대 ··· 34

　1) 일본 식생활의 분기점 ···························· 34
　2) 공동식사(共食)에서 개별식사(個食)로 ······· 36
　3) 변화는 언제나 젊은이로부터 ·················· 38

3. 상품으로서의 식품 ·································· 40

　1) 식품에 요구되는 1차 기능에 대하여 ········ 44
　2) 식품에 요구되는 2차 기능에 대하여 ········ 45
　3) 식품에 요구되는 3차 기능에 대하여 ········ 49

2장. 신제품 개발은 왜 필요한가? / 53

1. 신제품 개발의 촉진 요인 ································· 55

1) 기업의 내적 요인 ································· 55
2) 환경 요인 ································· 56

2. 신제품 개발의 기본전략 ································· 59

1) 선행전략과 대항전략 ································· 59

3장. 신제품 개발의 기획 / 63

1. 신제품 개발의 절차 ································· 65

2. 신제품 개발전략의 책정 ································· 67

1) 사업 경영자원 분석 ································· 67
2) 시장환경 분석 ································· 68
3) 사업전략의 책정 ································· 68

3. 식품 카테고리 및 제품영역의 선정 ································· 69

1) 시장동향 분석 ································· 71
2) 카테고리의 세분화(제품분야의 세분화) ································· 72
3) 제품영역의 선정 ································· 75
4) 신제품 개발 기본방침의 책정 ································· 76

4. 컨셉의 작성 ································· 79

1) 아이디어의 탐색 ·· 79

2) 제품 컨셉의 책정 ··· 83

3) 개발계획의 작성 ·· 94

4장. 신제품의 시험제작과 공업화 / 97

1. 시험제작과 공업화의 과정 ····························· 97

2. 모델의 탐색 ·· 99

1) 모델의 작성 ·· 99

2) 모델의 평가 ··· 101

3. 제조법(recipe) 개발방향의 책정 ················· 102

4. 프로토타입의 개발 ····································· 104

1) 프로토타입 제조법의 작성 ······················· 105

2) 프로토타입의 제조공정 작성 ···················· 106

3) 원료의 조사 ··· 106

4) 프로토타입의 결정 ·································· 107

5. 기본 제조법의 개발 ··································· 109

1) 제조기기의 검토 ······································ 109

2) 내용물 제조를 위한 단위조작 조건의 검토 ······· 110

3) 규격 및 검사기준의 작성 ·························· 112

6. 포장의 검토 ·· 113

1) 포장의 계획 ··· 113

2) 포장재료의 검토 ·· 113

3) 포장기법의 검토 ·· 116

4) 규격 및 검사기준의 작성 ·· 117

7. 개발연구 단계의 총괄 ·· 118

1) 제조사양서(안)의 작성 ·· 118

2) 제조비용 원안의 작성 ·· 118

3) 개발의 검증 및 타당성 확인의 실시 ······················ 120

4) 개발연구 결과의 승인 ·· 120

8. 양산 시험제작의 실시 ·· 121

1) 원료 및 설비의 발주 ··· 121

2) 시설의 공사, 설치 및 시운전 ································· 122

3) 양산 시험제작 ·· 122

9. 생산준비 ··· 123

1) 제조사양서 및 관리규정 등의 문서 작성 ················ 123

2) 개발의 검증 및 타당성 확인의 실시 ······················ 123

3) 채산성 검토의 실시 ··· 124

4) 요원교육 등의 실시 ··· 125

10. 생산 안정화 점검 ··· 125

5장. 식품개발의 공통기술(1) - 가공식품의 보존기술 / 127

1. 미생물의 제어기술 ··· 128

1) 식품의 미생물에 의한 변질 ……………………………… 128

2) 미생물의 생육 …………………………………………… 131

3) 미생물의 제어법 ………………………………………… 137

4) 제균에 의한 제어 ……………………………………… 140

5) 정균에 의한 제어 ……………………………………… 143

6) 살균에 의한 제어 ……………………………………… 148

2. 화학적 변질의 제어기술 …………………………………… 163

1) 변색 ……………………………………………………… 165

2) 향의 변화 ………………………………………………… 169

3) 맛의 변화 ………………………………………………… 172

4) 보존기간의 예측 ………………………………………… 174

3. 물리적 변질의 제어기술 …………………………………… 182

1) 흡습과 건조에 의한 식감의 변화 …………………… 182

2) 고결 ……………………………………………………… 185

3) 노화 ……………………………………………………… 186

4) 에멀션 파괴 ……………………………………………… 188

5) 물리적 변화의 예측 …………………………………… 189

6장. 식품개발의 공통기술(2) - 포장기술 / 191

1. 식품의 포장 ………………………………………………… 191

1) 포장의 역활 ……………………………………………… 191

2) 포장의 형태 ……………………………………………… 199

2. 포장재료 ·· 202

1) 포장재료의 요건 ·· 202
2) 포장재료의 안전성 ·· 207
3) 포장의 식품보호 특성 ·· 220

3. 포장설계 ·· 229

인용문헌 ·· 233

1장. 인간과 먹는 것

1. 인간의 식 행동

인간은 다른 동물과 마찬가지로 자기 생명을 유지하기 위하여 필요한 영양분을 타 생물에 존재하는 「먹는 것」으로부터 얻고 있다. 그러나 인간이 공복을 채우고 싶다거나 단 것을 먹고 싶다는 욕망에 따라서만 행동하고 있다는 것은 아니다. 19세기 미식가로 유명한 Brillat-Savarin[1]은 「짐승은 생존을 위해서 먹고, 인간은 음미하면서 먹는 다」라고 말하고 있다.

무엇을 먹는다고 하는 인간의 일은 공복을 채우는 것만은 아니다. 식탁의 화려함이나 식사를 즐기는 방법 등 식사에 관계하는 행위에는 더욱 복잡한 정신적인 영역이 있다. 그와 같은 식 행위는 본능에 의한 것이 아니고, 인간이 태어나면서부터 습득한 것으로 사람에서 사람으로 계승되고 배양되어 온 것, 즉 문화이다.

식 문화는 먹는 것과 인간의 생리 사이에 「요리를 하는 것」과 「공식(共食)을 하는 것」이 존재하는 것이라고 말해지고 있다[2].

「요리를 하는 것」은 사람이 인간답게 될 무렵부터 행해져 왔으며, 먹는 것을 늘리고 먹기 쉽게 하는 생리적 혹은 물질에 관계되는 행위로 식(食) 기술의 원점이라고 할 수 있다.

또 하나는 「공식을 한다」는 것인데 동물은 먹는 것을 개체 단위로

섭취하지만 그에 대하여 인간은 혼자만은 먹지 않으며, 다른 사람들과 같이 먹는 것이 일반적인 통념이다. 공식이라는 것은 먹는 것을 분배하는 것이다. 강자라도 제한된 먹거리를 혼자서 독점하지 않고 약자와 나누어 가지는 것이다. 짐승은 먹이에 무리가 모인다든지 어미가 새끼에게 먹이를 주기는 하지만 강자가 지배하는 세계에서는 기본적으로 무리 중에서 분배라고 하는 개념은 없는 것 같다. 우리 인간들에게서 먹는 것에 관한 정신적인 행동은 여기에 그 기점이 있다.

문명의 진보와 함께 우리가 종사하는 식품에 관한 기술분야는 널리 고도화되었지만, 우리들의 식 행동이 전체적으로 기술에 의하여 결정되는 것은 아니라는 것을 인식해야 한다.

인간은 어떻게 하여 먹는 것을 획득하고 어떻게 먹어 왔는가에 대해 살펴보기로 한다.

1) 식 행동의 원형

인간은 잡식성이다. 동물에는 잡식성의 것도 있지만 인간보다 먹는 것의 종류가 많은 동물은 없는 것 같다. 그 때문에 60억까지 인구를 증가시키는 것이 가능하였던 것이다.

사람의 소화흡수 능력은 동물에 비하여 진화하고 있지는 않으며, 저작능력은 육식동물보다 열등하다. 그런 인간이 많은 먹는 것을 손에 넣을 수 있도록 했던 것은 요리하는 것을 배웠기 때문이다.

요리의 역사는 먹는 것을 자르고 갈아 부수기도 하면서 시작된 것으로 여겨지며, 이것은 구석기 시대 초기로 생각된다. 발견된 석기의 상당한 부분은 포획물의 가죽을 벗긴다든지, 곡물이나 견과류를 쪼개는 데 이용된 것으로 추정되고 있으며, 먹을 것을 가식부와 비가식부로 나누어 요리에 쓰일 수 있도록 한 듯하다.

다음으로 요리에 불을 사용하게 되었다. 불의 사용으로 처음으로 현재 우리가 취하는 주요 식물원에 있는 전분성의 먹는 것 즉, 감자류나 벼과의 곡류를 인간이 먹게 되었다. 불의 사용방법도 처음에는 「구이」, 「볶이」 용도의 것이었지만, 신석기 시대 후반에 이르러 토기가 발명되어 「찌는」 조리법이 출현하였다. 곡류 등은 「찌는」방법으로 더 잘 먹을 수 있었던 것 같다.

구석기 시대에 먹거리(食物)는 그 토지에서 자라는 식물을 채집하거나 서식하는 동물을 수렵하는 것만으로는 한계가 있었기 때문에 식료가 결핍되었다. 이러한 결핍된 식료 확보를 위하여 생활 전체를 쏟아 넣게 되었음을 쉽게 상상할 수 있다. 해삼을 최초로 먹었던 사람은 용기가 있었다거나, 꺼림직한 것을 먹는 대표적인 예로서 자주 이야기 되지만 그 시대에는 먹을 수 있는 것이라면 곤충이든, 해삼이든, 무엇이든지 먹었다는 것이 사실인 것 같다. 농경과 목축에 의하여 오히려 맛이 없는 것이나 영양효과가 좋지 않은 것은 먹지 않게 되었다고 생각할 수 밖에 없을 것 같다. 현재에도 일부러 변한 것을 먹고 싶어하는 사람이 있지만, 꺼림직한 것을 먹는 것은 우리들 속에 있는 무엇이든지 먹어 보자는 유전자의 표현은 아닐까 하고 생각한다.

오랜 옛날에는 사람은 자기를 둘러싸고 있는 자연환경으로부터 「먹는 것」을 얻었지만, 자연에서 먹거리를 선택하는 능력은 동물로서 갖추어진 선천적인 능력에 있다고 일반적으로 생각되어 왔다. 사람의 미각에는 생리적 욕구에 대한 신호자극이라고 하는 것이 있다. 단 것은 당의 신호자극이고, 에너지 요구의 신호자극이다. 짠 것은 염류에 대한 신호자극으로 생리적으로 염류를 요구한다고 하는 형태로 나타난다. 감칠맛(글루타민산, 이노신의 맛)에 대한 감도는 백인보다 아시아 민족이 높은데 이것은 농경이 주체인 아시아인에게서 단백질

요구도가 높기 때문이라고 한다. 그렇지만 인간은 자신의 영양요구에 따라 먹거리를 선택하고 있는가 하면, 최근의 연구에 따르면 인간을 포함한 고등동물은 본능으로서의 먹거리 선택능력이 제한되고 있어 대부분은 부모로부터 학습에 의해 습득되고 있다고 한다. 5,000년 전 (더 이전이라는 설도 있다)에 메소포타미아에서 농경이 시작되었다. 농경에 의해 먹는 것은 자연물 획득에서 인간이 만들어 내는 것으로 변하였다.

목축도 4,000년 전 무렵부터 시작된 것 같지만 태고의 목축은 젖을 얻는 것이 목적이었던 것 같다. 젖은 그 자체만으로도 영양을 제공할 수 있는 귀중한 식재료이다. 지금에도 유목민족에 있어서 먹는 것은 거의 젖만으로 조달하고 있다.

고기를 얻으려면 도살해야만 되는데 이것을 지속적으로 하려면 많은 수의 가축이 필요하고, 그런 경우 규모가 작은 방목으로는 가축을 고기로 소비하는데 넉넉하지 못했다. 가축의 사료인 풀이 줄어드는 늦가을에는 가축의 수를 줄이기 위해 종자용 수컷만 제외하고 수컷은 모두 죽였는데, 그 때만은 고기를 먹는 것이 가능했다.

목축에 의해 육식을 먹을 수 있게 된 것은 목축기술이 발달하여 다수의 가축을 사육할 수 있게 되었던 훨씬 훗날의 일인 듯하다.

수렵과 채집의 시대에도 나무 열매 등은 보존할 수 있었던 것 같지만 농경과 목축의 시대에 들어서서 식재료의 보존은 불가결한 것이 되었다. 농경에 의해 식재료를 증가시킬 수는 있었다지만 곡류의 수확기는 한정되었다. 곡류는 건조상태로 보존되는 것으로 장기간 절약하여 먹을 수 있게 되었다는 뜻이다.

목축으로 취득할 수 있는 고기와 젖은 곡류에 비해 보존효과가 없는 먹거리이다. 목축으로 생활하는 데는 이런 것들의 보존이 불가결하다. 고기는 쉽게 손에 넣을 수 없는 귀중한 것이다. 고기를 보존하기 위해서는 염장을 하거나 건조시켰으며, 자연환경이 건조에 부적당한 지역에서는 훈제 등의 가공기술을 만들어 내기 시작하였다.

젖은 항상 신선한 것으로 얻을 수 있다고 생각될지도 모르지만 이것도 가축의 임신기가 있기 때문에 연중 똑같이 얻기는 어려웠던 것 같다. 그래서 젖은 지방을 분리하고 커드(curd) 상태로 만든 후에 건조하든가 혹은 발효시켜서 치즈로 만들어 저장하여 식용하였다.

이런 기술을 인간이 손에 넣었던 때가 문명의 시작이라고 말할 수 있을지도 모른다. 보존을 목적으로 하였던 다양한 연구가 지금에 와서 말하는 식품가공으로 이어지고 있다. 여담이지만, 발효식품의 대표라고 할 수 있는 술의 시작은 상세하게는 모르지만 과실과 꿀 등 천연당이 야생효모에 의해 자연발효로 이루어진다는 것을 알고, 토기가 출현했던 신석기 시대부터 만들 수 있게 된 것으로 추측되고 있다. 술이라는 것은 묘한 것으로 완전히 라고 말할 수 있을 정도로 정신영역에 속하는 먹거리이다.

발효기술은 보존과는 달리 식품소재의 본래의 식미와는 완전히 다른 먹거리가 얻어진다고 말하는 것으로 요리(가공)를 넘어선 기술(제조)이다. 발효는 요리, 보존과 나란히 식품의 3대 기술 중 하나라고

표 1-1. 식품관련 기술

기술요소	내 용
식료생산	농경, 육종, 목축, 어로, 양식, 저장
식품제조	가공, 제조, 보존
요 리	조리법, 조미, 식단
영 양 학	영양생리, 소화흡수, 대사
유 통	포장, 물류, 마케팅

말할 수 있을 것이다.

이렇게 하여 현재 우리들 인간의 식생활에 있어서 물질면에서의 원형이 성립되었다. 그래서 우리의 식생활의 출발점은 신석기 시대에 있다고 말해지고 있다.

생명을 유지하는 것은 먹는 데에 있기 때문에 배를 채우고 싶고, 맛있는 것을 먹고 싶고, 생명을 연장하고 건강하도록 먹고 싶다는 등 인간의 먹는 것에 대한 다양한 생각이 문명의 발달과 함께 먹는 것에 관련한 여러 가지 기술을 발달시켰다. 우리가 습득하여 왔던 기술은 표 1-1과 같이 종합하여 정리할 수 있다.

2) 문화로서의 식 행동

인간의 식 행동의 출발점은 「공식(共食)을 한다」는 것이라고 앞에서 말하였는데, 거기에서 생겨난 인간의 식 행동을 몇 가지 면에서 살펴보자.

공식(함께 먹는 것)은 그 기본 단위가 가족이다. 본래 가족이라고 하는 집단은 특별히 힘이 세다고는 할 수 없는 동물인 인간이 먹거리를 획득하기 위하여 성립되었다고 말할 수 있다. 그 속에서 힘이 센 남자는 수렵과 채집 등의 외적인 업무에 종사하였고, 여성은 육아라든가 요리 등 가정 내의 일에 관계하도록 가족 내의 업무가 분담되어 왔다고 생각된다. 이와 같이 하여 주로 남자가 먹거리를 획득하고, 여자는 요리하므로서 가족 전원이 그것을 서로 분배하여 온 것이 인간 식생활의 기본형이라고 말할 수 있을 것 같다. 가족은 먹는 것을 기반으로 하여 성립되었던 것이다.

공식은 가족을 초월하여 수렵 획득물의 분배 등 공동작업을 수행한 동아리에서도 행해져 왔으며, 동아리의 연대감을 조성하는 의미라고 말해지고 있다. 신에게 수확물을 바치고 그 제사음식을 먹는 것은 식사를 신성시했던 고대에는 어느 민족에서든 널리 행해지고 있었던 풍속인 듯하며, 이것은 신과의 공식이며 신과 가깝게 되는 것을 의미하는 것이라고 한다.

문화인류학자에 의하면 어느 민족이 미개한 부족과 교류를 원할 경우 먹는 것을 교환하는 것으로 시작했다고 한다. 동료가 된다는 증명으로서 먹는 것을 서로 나누었다. 그러므로 지금도 「한솥밥을 먹는 동료」라고 하는 말이 동료 또는 동아리를 의미하는 것으로서 사용되고 있다.

손님을 접대할 때는 지금도 음식을 제공하는 것이 기본인데 이 기원은 모자란 음식의 분배에 있었다. 그것이 회식이나 연회라고 하는 사교로서의 식사가 되어서 지금까지 계승되고 있는 것이다.

사교로서의 식사나 회식은 타인과의 의사소통과 친교를 위한 수단으로서 유사 이전부터 있었다고 생각된다. 예외적으로 사람들이 많이 있는 곳에서는 식사를 하지 않는 민족도 있는 것 같다. 이런 습관은 타인에게 분배를 회피하기 위하여 행해졌던 것인데 이것이 그대로 습관으로 이어져 오고 있는 것 같다.

식사에는 예절이 있다. 그것은 다른 사람과 기분 좋게 먹기 위하여 불쾌감을 주지 않으려는 것이라고 말하지만 그 기원은 분배에 대한 불쾌감을 주지 않으려는 데 있는 것 같다.

먹는 순서와 분배의 공평성 등 분배 법칙이 예절의 시초라고 생각되고 있다. 물론 식사예절의 기원은 그것 뿐만은 아니고 신에 대한 제사, 후에는 종교의식과 의례가 식사예절로 바뀐 것도 있다. 덧붙여 말하면 식사 예절로서 「잘 먹겠습니다」 또는 「잘 먹었습니다」라고 말하는 것도 우리들의 예절의 하나지만 이 말은 본래 신에 대하여 말하는 것이다. 지금은 만들어 준 사람이나 한턱을 낸 사람에게 일반적으로 하는 말이라고 생각한다.

예절은 인간이 동물과 차별화되는 점이다. 먹는 것, 배설하는 것, 성행동은 인간의 동물적 행동이다. 문명화와 함께 타 동물과 다른 인간다움이 식사에도 요구받게 된 것도 식사예절이 발달한 요인인 것 같다. 결국 예절은 세련된 식사방법에 있고, 선과 악이 아닌 아름다움과 추함의 문제이다.

차별화는 인간사회 속에서 타 집단과의 차별의식으로부터 생겨난 것인 듯하다. 예절에는 특권계급이 있는 궁중에서 생겨나 시대가 흐르면서 그 풍습을 일반인이 흉내내어 서서히 보급된 것도 있을 것이다.

3) 식 행동으로서의 음식물 터부

인간의 식 행동의 한 가지로 음식물 터부가 있다. 음식물 터부는 종교에 기인되는 것이 많다. 불교에서는 육식을 금지하고 있기 때문에 일본에서는 문명개화기까지 불교의 계율에 따라 육식은 거의 행해지지 않았다는 것은 잘 알려진 바와 같다. 지금도 회교에서는 돼지고기를 먹지 않고, 힌두교에서는 쇠고기를 금지하고 있다.

터부시 하는 것의 대부분은 불합리한 것으로 종교, 습속에 의하여 발생한 것이 많은데, 왜 발생했는지는 문화인류학적으로도 전부에 대해서는 설명되지 않는 문제이지만, 집단으로서 타 집단과의 차별화, 집단의 결속과 강화의 의미가 있는 것 같다. 그렇다고 하면 터부도 공식(共食, 함께 먹는 것)으로부터 유래되었다고 말할 수 있다.

터부의 역현상으로서는 음식물 신앙이 있는데 원기가 생기는 것, 건강에 좋은 것이라고 말하는 것들이 현재에도 있다. 특별한 기능을 가지고 있다는 특정 음식에 대해서 여러분은 어떻게 생각합니까? 터부나 음식물 신앙은 현재에도 생겨나고 있는 것으로 생각된다.

터부라고까지는 말할 수 없지만, 그 집단에서는 먹지 않으며 먹으

면 소외되는 것이 여러 가지가 있다. 일본에서는 개구리나 뱀은 일반
적으로 먹지 않는다. 그러나 중국(옛날부터 일본의 식생활에 영향을
주고 있는 나라이지만)에서는 먹는다. 나는 개구리를 중국요리에서
먹어 본 적이 있지만 특히 맛있다고 하는 정도는 아니지만 결코 맛이
없지는 않았다. 그러나 내가 늘 먹는다고 한다면 주위에서 이상한 눈
으로 볼 것임에 틀림없다. 개고기도 중국, 한반도에서는 먹고 있지만
나를 포함한 일본인의 대부분은 개고기 요리가 식탁에 나오게 되면
우선 기분이 좋지 않다는 느낌을 가질 것이며 젓가락을 대는 것을 주
저하게 된다. 주변과 같은 것을 먹는 것이 인간의 식습관에는 있다.
이것도 공식(共食)으로부터 시작된 것이라고 말할 수 있을 것이다.

식습관에 음식물의 입수 용이성이 큰 영향을 준다는 것은 말할 필
요도 없다. 음식물의 유입은 유사 이전의 꽤 이른 시기부터 널리 행
해지고 있었던 것 같다. 유럽에서는 신대륙이 발견됨에 따라서 많은
농작물(대표적인 것으로 감자, 옥수수 등이 있다)이 유입되어 음식물
은 풍부하게 되었으며 식생활은 크게 변하였다.

일본에는 2,000년 전(야요이 시대)부터 중국과 한반도로부터 수도
작이 유입되었고, 유사시대 이후에는 7~8세기의 당나라와의 교류,
17세기의 남만무역, 19세기의 문명개화기가 식생활을 크게 변화시킨
전환기적 시대였다. 그것은 식품과 요리 뿐만 아니라 예절, 식사양식,
식사에 대한 의식을 변화시켰다고 말하여지고 있다. 식습관에도 또한
정신적인 요소가 있다. 맛있는 것을 먹는 것은 본능적인 것이라고 생
각되지만 개인적인 속성이라고 생각되는 기호도 또한 사회적 학습에
의해서 만들어진다고 생각된다.

사람들은 먹기에 익숙해진 것은 맛있다고 말한다. 부모 특히 어머
니가 싫어하는 것은 자녀들도 같이 싫어하게 되는 경우가 많다. 이것
도 DNA의 문제라고 말하기 보다는 오히려 먹는데 길들여지지 않았

기 때문이다. 기호도 식습관에 의해 생겨나는 경우도 있으며, 터부와 같이 민족이나 지역 내에서 공통적으로 나타나는 것도 있다. 타 지역과의 교류가 진행되는 경우에는 민족이나 지역의 식습관은 변한다.

최근 중국이나 프랑스에서도 활어(活魚)를 먹을 수 있게 된 것도 일본의 식문화의 영향 때문인 것이다(그것을 가능하게 한 것은 물류의 발달에 있지만). 앞으로 국제교류가 더욱더 번성하게 되면 세계적으로 개인의 기호도 점점 변화될 것이다.

4) 쾌락으로서의 식 행동

식 행동에는 쾌락으로서의 식사가 있다. 누구에게나 맛있는 것을 먹고 싶다고 생각하고, 먹었을 때는 만족하고 행복한 기분이 든다. 그러나 인간이 음식물 부족으로부터 해방된 것은 서구에 있어서도 근대에 들어 온 후로 인간의 역사에서는 먹는 것의 분배가 중요한 문제였다. 타인에게 먹는 것을 분배해 주려면 자기의 욕망을 억제하지 않으면 안 된다.

먹는 것은 쾌락의 대상인가, 억제해야 하는 것인가는 민족에 따라서 사고방식의 차이인 것 같지만, 역사적으로 보면 많은 사회에서는 일부의 권력자를 제외하고 먹는 것은 쾌락의 대상은 아니었고 금욕해야만 하는 것이었다.

식사예절로 되돌아가면 예절은 인간이 먹는 것에 대한 욕망을 억제하는 경향이 강하다. 지금도 식사예절이 까다로운 지역은 음식물이 부족했던 역사를 가진 지역이라고 말한다.

쾌락으로서의 식 행동은 고대 로마의 귀족들이 유명하지만 역사적으로 음식물이 풍부한 남유럽에서는 먹는 것이 쾌락적이고, 중부유럽은 금욕적이었을 것이다. 그렇다고 하더라도 식사를 즐기는데 음식물이 윤택해야 하며, 그것을 가능하게 하는 것은 권력이었기 때문에 그 시대에 즐길 수 있었던 것은 궁정이나 귀족이었다.

프랑스 요리라고 하면 세계 요리에서도 최고 중의 하나로 유명하다. 프랑스에서는 로마제국의 혈통을 이어받은 당시의 선진국인 이탈리아와 교류할 수 있게 된 16세기 이후 궁정에서 요리가 발달하였다. 파리에서 레스토랑이 가능한 것은 프랑스 혁명에서 실업자가 된 궁정의 요리사들이 계속 도회지로 진출하여 신흥 자본가들을 상대로 영업하기 시작한 이후라고 말한다.

음식을 즐기는 방법으로 중세까지는 로마 귀족들이 토하면서까지 먹었다고 말해지고 있는 것처럼 많이 먹는 것이었다.

먹어서 모자라거나 떨어지지 않을 만큼의 양을 식탁에 쌓아 올려서 먹는 것이 연회였다.

18, 19세기가 되어 식품소재가 윤택하게 되었고, 요리기술을 인식하고 요리책이 나오면서 미식(美食)의 관념이 나타났다고 한다. 그리고 시민사회가 출현하여 미식이 꽃을 피우게 되었다.

Brillat-Savarin은 다음과 같이 말하였다[1]. "조물주는 인간에게 생존을 위하여 먹는 일을 강요하는 대신 식욕에 의해 먹으며, 먹음으로써 쾌락을 느낀다"고 하였으며, 또한 "새로운 맛있는 요리의 발견은 인류에게 행복을 주므로 천체(天體)의 발견 이상의 것이다"라고 하였다. 음식을 즐기는 방법이 양에서 질로 전환되었다. 아름다움에 대한 미의식을 동반한 문화로서 요리법과 식단이 발달하였다.

과거 일본의 무인사회(武人社會)에서는 금욕적이었기 때문에 상인사회가 발달했던 에도시대 중기가 되어서 요리를 즐길 수 있는 요리점이 출현하였다. 그 이전에는 도로변에 여행객을 상대로 한 음식점이 있었는데 단지 그것은 허기를 채울 수 있는 정도였던 것 같다. 이것도 먹거리가 증산되었고, 한편으로는 상인의 경제력이 축적되어 즐기는 것이 가능하게 되었기 때문일 것이다.

음식을 즐긴다고 하는 것은 단지 맛있는 것을 먹는 것만으로 만족할 수 있는 것인가. 최근에 일본에서는 요리점과 레스토랑의 신용평가가 유행하고 있는데 미쉐린(Michelin, 권위 있는 프랑스계 회사)의 레스토랑 가이드의 신용평가는 요리 뿐만 아니라 실내의 인테리어, 가구류, 식기, 서비스도 평가 대상으로 그것들을 종합한 후 별(星)의 개수로서 평가된다. 진정한 미식 전문가는 어떨지 모르지만 쾌적한 환경에서 즐거운 대화를 하면서 때로는 춤이나 음악과 함께 음식맛을 즐기는 것이 식사의 쾌락이다.

옛날에는 요정과 같은 요리점에 출입하려면 문인적 소양이 필요하였던 것으로 알아서 나와 같은 사람은 한참 미치지 못하는 종합적 문화의 세계였던 것 같았지만, 요즘의 고급 프랑스 요리 레스토랑에는 젊은 사람들로 넘치고 있다. 고급 요리점에서 식사를 한다는 것은 평소와는 다르게 세련되고 맛있는 요리를 먹는 것에 대한 만족도 있지만, 일상과는 다른 세계로 들어가는 정신적 만족도 크다고 생각된다. 음식맛을 즐기는 것은 2차적인 것이고, 식사가 유흥적인 분위기가 될지라도 누구든지 때로는 가상적인 환경 속에서 즐기는 것은 좋은 것이다.

5) 경사스러운 날의 식사와 어머니의 음식맛

가족이나 동료들 사이에서 먹는 것을 제공하고 식사를 같이 하는 것은 애정과 친밀감의 표현이기도 하다. 경사스러운 날에는 일반적으로 맛있는 요리를 만드는 관습이 있다. 축하의 마음을 표현하는 것으로 맛있는 요리를 먹는 것에도 있다. 또한 마음이 괴로울 때는 먹는 것으로 기분전환을 할 수도 있다. 폭식(暴食)이나 홧술은 건강에는 나쁘지만 정신적으로는 좋은 점도 있다. 먹는다고 하는 행위와 마음과는 매우 가까운 관계에 있다고 말할 수 있다. 먹는 것에 대한 즐거움과 그것에 만족하는 것은 소화기 계통의 만족만으로는 되지 않고 대개는 대뇌를 만족시켜야 한다.

먹는 것에는 사람의 마음을 온화하게 하는 효과도 있다. 식사에는 맛있는 음식에 대한 동경과 호기심을 충족시키는 긴장의 식사와 긴장을 풀어서 정신을 안정시키는 치유의 식사가 있다고 생각된다. 바꾸어 간단히 말하면 전문점의 요리와 가정요리이다. 전문 요리점에서의 식사는 맛있는 것을 먹고 싶어하는 욕구를 만족시켜 준다. 그것은 식사의 즐거움을 바라고 먹는다고 하는 적극적인 의지가 있는 식사이다. 거기에서 우리들은 음식 맛에서는 만족을 얻을 수 있겠지만 이런 외식을 매일 계속하여 한다는 것은 미식가라고 할 수 있는 사람은 일단 차치하고 보통사람에게는 피곤한 일이 될 것이다.

한편, 가정에서의 식사는 어떤가 하면 먹을 때마다 감동하는 일은 그다지 없는 것이 보통이다. 만들어 주는 사람(본인의 경우는 아내가 되겠지만)에게는 미안한 일이지만, 어제 저녁의 식사에서 음식의 맛은 고사하고 무엇을 먹었는지 조차도 잊어버리는 경우가 종종 있다. 즉, 자극이 적은 식사이다. 그러나 거기에는 가정요리의 진정한 가치가 있다고 생각한다.

야생동물에게는 먹이를 먹을 때가 틈이 가장 많이 생겨서 타 동물로부터 습격을 당하는 위험한 순간이기도 하고 또한 먹이를 빼앗길 위험도 있다. 그래서 야생동물들은 먹이를 먹을 때는 긴장하고 있는 것 같다. 개나 고양이도 먹을 때는 주위를 두리번거리는데 이것으로 보아도 짐작할 수 있을 것 같다.

인간도 이와 같이 태고적에는 위험을 피하기 위하여 숨어서 먹었을 것 같다. 그러한 것은 DNA(인간본능)에 의한 것인데 밖에서 하는 식사는 마음이 편하지는 않을 것 같다. 밖에서 식사를 하고 와서도 집에서 다시 야채 절임에 밥이라도 먹고 나서야 겨우 안심을 하는 경우가 있다. 가정에서의 식사가 우리를 무엇보다도 가장 편안하게 해주는 때가 아닐까 한다. 식사는 가족을 결속시켜 준다고 앞에서 기술했지만 이러한 신뢰감과 평온함이 가정에 있다고 생각된다. 그렇기 때문에 지나치게 영양이라든가, 건강이라든가, 예의 등을 까다롭게 하는 것은 가정 붕괴의 원인이 된다고 하는 설도 있다. 「어머니의 음식 맛」에 대하여 다시 한번 생각해야 할 것이다.

인간과 먹는 것과의 관계는 문명의 진보에 따라서 물질적·정신적 영역에서도 변모하여 왔다. 기본적으로 먹는 것이 부족한 상태에서는 인간의 욕망을 만족시키는 것과 억제하는 것 사이의 균형 위에서 전개되어 왔다고 말할 수 있다. 그런데 현대에는 먹는 것이 충분히 만족되었기 때문에 식 행동은 변모하게 될 것이다. 이제는 영양의 섭취보다는 「먹는 것」의 효용성에 착안해야 될 때가 아닌가 생각한다.

상품개발과 관계가 없는 것 같다고 생각될 지도 모르지만 인간의 식 행동에는 물질로서 먹는 것을 섭취하는 것만은 아니고 식문화, 즉 정신적인 영역의 욕구가 깊이 관계되어 있다는 것을 인식해야 하는 것이다. 그런 인식이 상품개발에 필요하다고 생각되어 그 일단을 소개하였다.

2. 포식의 시대

1) 일본 식생활의 분기점

식생활의 변천은 제2차 세계대전의 종전(1945년)을 출발점으로 하여 다루는 것이 일반적이다. 일본은 패전 후 혼란 중에서의 기아기, 전쟁 전의 생활수준으로의 부흥기, 식생활의 내실화를 위한 영양개선 활동기, 기호의 급격한 서구화 및 간편화가 발달한 성장기, 포식의 시대라고 말할 수 있는 성숙기 등으로 나누어 볼 수 있다.

1955년부터 1965년대의 성장기 전반에는 인스턴트 식품으로 커피, 스프 등의 서양식품이 출현하였고, 축산제품 등 기존 분야의 상품이 성장하여 오늘날 눈에 보이는 가공식품은 거의 대부분 나타났다. 이 시기의 신제품 개발의 핵심 단어(키워드)는 서구화와 간편화였다.

후반기는 일본 경제의 고도 성장기였다. 식품산업에 있어서는 외식, 냉동, 레토르트 식품 등 조리식품이 보급되어 시장 전체가 양적인 확대기였다.

그리고 식생활은 1975년을 전후하여 큰 전환기를 맞이하였다. 일본에서의 먹는 것에 대한 의식은 이 시기를 경계로 하여 양분되었다.

1972년에 일본 국민의 1일 섭취 총열량은 2,500 kcal로 전쟁 전의 수준 대비 25% 증가하여 포화상태에 달하였다. 영양균형에 있어서도 철과 칼슘의 부족은 있지만 거의 대부분은 만족할 수 있는 상태가 되었다. 그 이후 열량의 과잉 섭취가 영양학적으로 문제시되고 먹거리는 체위향상에서 건강유지에 중점을 두게 되었고, 생체조절기능(생리활성)이 주목 받게 되었다.

가계비 중에서 식료품비는 거품 경제기까지는 안정적으로 증가하여 곧 정점에 달하여[3] 「포식」의 시기라고 말할 수 있게 되었다. 소비자의 생활 의식은 식생활의 수준 향상보다 여가선용의 충실 및 확대로 그 중점이 이동되었다. 식생활은 누구에게나 그런 대로 만족할 수 있는 상황이 되었고, 가족이 모여 외식 등 레저의 일환으로서 즐거움을 바라게 되었다. 식사에 대한 의식은 사교·교양·취미 등 정신적인 영역에서의 만족으로 관심이 돌려지게 되었다고 말할 수 있다.

그 사이의 식료품비의 동향을 보면 소비지출 중에서 식료품비가 점유하는 비율은 1970년의 34.1%에서 20년 후인 1990년에는 27.6%로 낮아졌다[3]. 그리고 외식과 조리식품이 증가하여 식생활 중에서 일정한 비중을 점유하게 되었다.

또한 거품 경제기 이후에는 장기간에 걸친 경제불황의 영향도 있었지만 식료품비는 실질적으로 마이너스 성장이 되었다.

「먹기 위한 노동」, 「결식아동」, 「영양실조」 등의 단어는 사라지게 되었고, 비만과 과식이 문제가 되고 있는 현재는 음식료 부족을 배경으로 구축된 종래의 식사에 대한 의식과 행동의 규제가 붕괴되기 시작하였다고 생각할 수 있다. 세계에는 기아상태의 사람들이 10% 가까이 되어도 21세기에는 음식료 부족이 걱정된다 할지라도 이런 정도로 우리 주변에 먹을 것이 풍부하게 있다면 음식료는 더 이상 귀중한 것이 아니며, 먹는다고 하는 것도 신성한 행위가 되지 않게 된다. 영양을 섭취한다는 생존에서의 특별한 의미에 대한 의식은 줄어들었다. 우리가 선조로부터 받아 이어온 먹는 것에 대한 개념은 과거의 것이 되고 있다. 먹는 것은 매우 흔한 것으로 「좋아하는 것을, 좋아하는 시간에, 좋아하는 것만 먹는다[4]」는 존재가 되었다. 먹는 방법도 또한 각자의 고유한 방식이 되었다.

2) 공동식사(共食)에서 개별식사(個食)로

과거의 식생활과 현재의 식생활을 비교한 것이 그림 1-1이다.

태고 이래의 가족이라는 집단에서 영위되어온 공동식사는 붕괴되었고, 식생활은 개인에 귀속하게 되었다. 또한 조리는 가정에서 공장으로 이행되는 정도가 심화되었다는 것이 큰 변화이다.

우리의 식생활에서 이와 같은 변화를 가져온 것은 음식료의 수급 이외에 사회·경제면에서의 변화이다. 특히 주목되는 것은 여성의 사회 진출과 취업의 영향이다. 종래 가정에서는 요리의 주역은 여성이었다. 한편 직업으로서의 요리사는 압도적으로 남성이 많다.

남자는 사회로 진출하고 여자는 가정을 지키는 것이라고 했던 사

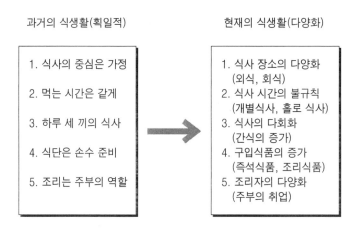

과거의 식생활(획일적)   현재의 식생활(다양화)

1. 식사의 중심은 가정

2. 먹는 시간은 같게

3. 하루 세 끼의 식사

4. 식단은 손수 준비

5. 조리는 주부의 역할

1. 식사 장소의 다양화
   (외식, 회식)
2. 식사 시간의 불규칙
   (개별식사, 홀로 식사)
3. 식사의 다회화
   (간식의 증가)
4. 구입식품의 증가
   (즉석식품, 조리식품)
5. 조리자의 다양화
   (주부의 취업)

그림 1-1. 식생활의 변화

회형태가 가져온 가족내 분업 결과로서 가정에서의 요리는 여성의 몫이었다. 특히 여자가 요리에 대한 감각이 더 있다든지 좋아한다든지 하는 것은 아니다. 여성이 사회에 진출하면 가족의 역할 분담은 당연히 변한다. 과거의 여성의 역할을 담당하는 것이 외식산업이고 조리식품이다.

이야기가 빗나갔지만 식품이 상품으로 된 것이 어느 시대인지는 모르겠지만 아마도 산업혁명 이후에 본격화된 것으로 생각된다. 일본에서는 겨우 100년의 역사를 가진다. 가공식품은 만들기가 어렵거나 품이나 노력이 많이 드는 것에 한정되어 있다. 그래서 부엌에서 만들어지던 것이 공장이나 가게로 이행되고 있다. 근래 30~40년 동안에 공장의 규모도 또한 가내공업에서 기업 수준으로 확대되었다. 식품산업은 가공식품에서 35조 엔이고, 외식산업을 합치면 60조 엔을 넘어서는 성장을 하고 있다.

가정에서 손수 만들던 요리는 최근까지는 가치를 가지고 있었다. 역사와 함께 의(衣)와 주(住)에 대한 사회적 분업은 진전되었다 하더라도 식(食)만큼은 가족을 결속시키는 의미에서도 가정에 남겨져 있었다.

그런 의미에서는 손수 만든 요리가 식사의 정통이고 음식물의 상품화는 그것을 보완하는 존재였다. 그러나 가족 속에서도 공동작업이 안 되어 개인의 행동을 존중하게 되면 「개별적인 식사」 또는 「홀로하는 식사」가 되는 것은 당연한 귀결이다. 손수 만드는 것에 대한 가치를 잃어버리는 것이 당연하다면 당연한 것이지만, 이것이 가정의 가치 또는 정서교육의 점에서 문제가 되고 있다. 가정에서의 공동식사가 미덕으로 재평가될 때가 올 것으로 생각된다.

먹는 것에 관한 우리의 의식과 행동은 정신영역에 속한다고 앞에서 기술했지만 도덕과 같은 관념적인 것은 아니고 우리를 둘러싸고 있는 환경으로부터 발생된 꽤 현실적인 대응이다. 환경의 변화와 함께 쉽게 변화되는 것인지도 모른다. 1일 3식이라는 식사습관도 일본에서는 에도시대 중기에 일반적인 습관으로 정착되었던 것 같고 그다지 오래된 것은 아니다. 이제 우리의 식사가 하루 네 번이 된다고 해도 이상한 것이 아니다. 식사예절이나 식사습관도 사회정세와 더불어 변화되어 가기 때문일 것이다.

3) 변화는 언제나 젊은이로부터

어느 시대에도 변화는 젊은층으로부터 일어난다. 현재의 젊은이들의 식사에 대한 의식과 행동에 대한 조사 연구[4]에서 ① 불규칙한 식생활, 편식, 무관심의 문제, ② 식사구분의 붕괴, ③ 공복 거부증 등의 변화를 지적하고 있다. 그것은 「좋아하는 것을, 좋아하는 때, 좋아하는 것만을 먹는다」라고 하는 것이다.

2. 포식의 시대   39

1. 먹는 것에 대한 건강 의식 그룹(23.3%) : 언제나 건강 균형을 확실히 생각한다
건강 의식이 높고 행동도 따라 하는 우등생. 사회생활하는 여성이 중심. 평소에 균형적인 영양에 신경을 쓴다. 적당한 양을 분별하여 먹을 줄 알면서 즐겁게 식사를 하는 등 항상 건강한 식생활.

2. 식생활 무법자 그룹(17.3%) : 바쁘게 일에만 매달려 몸에 나쁜 것이 모두 나타남
몸에 좋지 않은 것이 두드러진 식생활. 사회생활하는 남성에게 많이 보인다. 편식이 많고 식사를 하기도 하고 거르기도 하여 이미 식생활이라고는 말할 수 없는 상태. 취미 쪽이 식사보다 더 중요. 오래 산다는 것에는 관심이 없다고 말하는 식생활의 무법자.

3. 식사를 귀찮게 보는 그룹(16.0%) : 식사는 단순한 에너지 공급원
식사를 단순한 에너지 공급으로 여기고 먹는 것에 거의 구애받지 않는다. 중학교 남학생에게서 많이 나타난다. 식생활에서 사람과의 대화가 없는 것이 특징. 식생활에서 즐거움을 찾지 못하는 타입.

4. 건강한 대식가 그룹(12.5%) : 규칙적으로 먹지만 내용물이 문제
열량 섭취가 지나치거나 영양 균형에 무관심한 만복감을 중시하는 젊은 남성에게 많은 타입. 좋고 나쁨은 특별히 없으나 고기요리를 매우 좋아함. 패스트푸드점을 자주 이용하고 하루 네 끼 이상으로 하는 다식 경향도 있음. "아~ 배고프다"를 입버릇처럼 말한다.

5. 간식을 즐기는 그룹(11.5%) : 식사는 규칙적으로 즐기고 그렇지만 단 것에 주의
영양 균형을 말하기 보다도 간편한 것이나 즐거움을 찾는 여자 중고생에게 많은 타입. 세 끼를 규칙적으로 먹고 거기에다 또 단 것을 매우 좋아한다. 그러나 이 경우는 열량 표시에도 신경을 쓰게 된다. 모두 같이 와자지껄 떠들면서 먹는 것을 좋아한다.

6. 알면서도 절제 못하는 그룹(10.3%) : 마음은 있어도 불규칙한 생활이 문제
끊임없이 먹는 경향이 있는 혼자 사는 대학생에게 많은 타입. 식사나 건강에 대한 관심이 많아 머리로는 건강에 좋고 나쁨을 이해하고 편식에 따른 영양 불균형은 보충하지만 운동이나 규칙적인 생활은 하지 않는다.

7. 간식을 빈번하게 섭취하는 그룹(9.3%) : 좋아하는 것을 늘 먹고 있다
간식을 끊임없이 먹는 경향이 있으며 중고생에게 많이 보이는 타입. 더 먹고 싶은 경우는 물론 공복감이 없어도 간식을 먹는다. 식사 전에도 상관하지 않고 먹어 버린다. 스스로 편식한다는 것을 자각하면서도 그쳐지질 않는다. 스마트한 체형을 동경하는 한편 무리한 다이어트는 하지 않는다고 말하는 모순된 의식을 가지고 있다.

그림 1-2. 젊은 층의 식생활 패턴

덧붙여 젊은이들의 식생활을 그림 1-2에서 보는 바와 같이 7개의 그룹으로 분류하고 있다.

젊은이들의 식사 스타일은 건강의식 그룹이 제일 높은 23.3%에서 부터 간식 선호 그룹이 최소인 9.3%까지로 성인층과 비교하여 꽤 산포가 크며, 좋든 나쁘든 예전에 없었던 여러 가지 다양한 식사 스타일이 출현하고 있다.

건강을 의식하는 그룹이 선두에 있지만 식생활의 무법자 그룹과 식사를 기피하는 그룹을 합치면 무관심 그룹이 30% 이상 될 정도로 존재한다. 젊은이들의 식사 스타일이 생겨나는 최대의 환경은 편이점(CVS), 패스트푸드(FF)점 등 24시간 언제라도 무엇인가를 먹을 수 있는 장소가 나타난데 있는 듯하다. 다시 말하면 공장에서 만든 제품을 먹는 것이다.

현대는 누구든지 제멋대로 스스로의 식생활이 가능한 환경이다. 그리고 그런 식생활이 젊은 시절의 일과성의 것이 아니고 성인이 되더라도 꽤 침투 효과가 남겨질 것으로 예상된다. 식생활은 점점 더 변화될 것이지만 식품산업이 다시 새로워지고 발전되려면 먹는 것에 대한 새로운 매력을 부여할 필요가 있다고 생각된다.

3. 상품으로서의 식품

1990년 이후의 10년은 식품산업의 침체기라고 말해지고 있다. 불황의 영향이라고는 하지만 정말로 불황의 탓인지 의문이 생긴다. 그림 1-3은 1980년부터 2000년까지의 식료품비의 지출 자료이다[3].

이것을 보면 확실히 경제의 거품 붕괴후 식료품비 총계는 줄어들고 있다. 식료품비는 절약의 상징이라고 말하여 왔지만 불황에서 가계의 주름살이 식료품비에 부담을 주고 있다고 말할 수 있다. 그러나

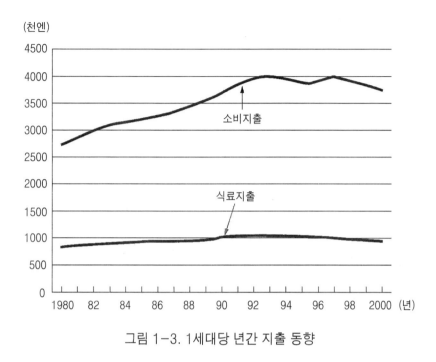

그림 1-3. 1세대당 년간 지출 동향

특별 판매기간에 구입하든지 할인점을 선택하는 등 합리적인 모색을 하면 절약할 수 있는 여지가 있고, 식생활에는 여러 가지 점에서 여유가 생긴다. 식비를 절약하는 것에서 소비자가 스트레스를 받고 있는 상황은 아니다.

식품은 다른 상품, 예를 들면 IT 상품이나 AV 상품(시청각 관련 상품)과 비교하여 매력이 떨어지고 특별히 사고 싶은 것이 없다는 점이 식료품비의 신장을 정체시키고 있는 원인이다.

식품의 품목별 지출구성을 보면 외식과 조리식품이 신장하고 있으며, 곡류·육류·어패류 등 소재형 상품이 줄어들고 있다. 식품의 산업구조가 변화되고 있다는 것은 분명하다(그림 1-4).

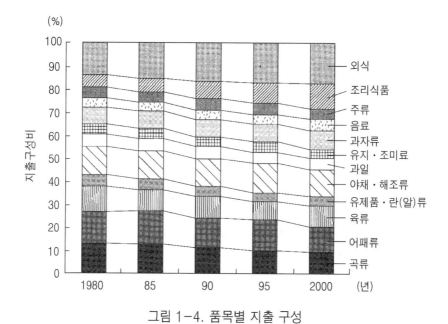

그림 1-4. 품목별 지출 구성

반복되지만 먹는 것은 인간의 생리와 직결되는 것으로서 타 생물을 소재로 한다는 것에는 변화가 없다. 유사 이래 인간이 먹는 것에 대하여 대응해 온 것은 기본적으로는 오래 전부터 존재하던 것을 다양화하거나 품질을 개량하는 일이었다. 먹는 것은 문명이라고 말하기보다는 문화이며, 문명의 소산인 IT 기술처럼 사람이 손에 넣을 수 없는 완전히 새로운 식품을 제공하는 것은 불가능하다.

최근 30~40년 동안 일본의 식품산업은 다양화와 품질 개량을 통하여 소비자의 미각과 위(胃)에는 꽤 만족을 주었다고 생각한다. 우리 주변에 요리는 일식, 서양식, 중국식, 민족 전통식 등 세계의 요리가 다 구비되어 있고 식재료들은 세계 각지로부터 모아지고 있다. 말라서는 곤란한 신선한 식품이나 또는 완성된 조리식품을 소비자들에게 제공할 수 있게 되었다.

특히 식품 중에서도 정통 가공식품은 소비자의 기호에 맞도록 개량을 진행하여 완성도를 높였다고 말할 수 있다. 소비자로서는 이것 이상 바랄 것이 없는 것이 아닐까. 불황의 영향은 확실히 있는 듯하지만 근본적으로는 식품산업이 성숙기에 이르렀다고 할 수 밖에 없다. 그래서 다시 새로운 발전을 위해서는 종래의 발상과는 다른 마케팅이 필요하다.

식품의 개발에 접해서는 소비자의 의식과 행동에 맞추는 것이 필요하다. 식품이 다양화되고 있는 가운데 소비자가 각각의 식품에서 바라는 역할과 기능도 또한 다양화되는 것은 당연하다. 그래서 제품 각각에 무엇이 요구되고 있는가를 인식하지 않으면 안 된다.

식품에는 여러 가지 유형이 있지만 대략 다음과 같이 분류될 수 있다.

① 가정용 ── 업무용
② 완성품* ── 식품소재**
③ 필수품 ── 기호품
④ 보급품 ── 고급품

* 온·냉 이외의 가공을 필요로 하지 않는 제품
** 식품을 제조하기 위한 소재. 주원료, 부원료, 첨가물로 나누어진다.

상품으로서 요구되는 식품의 기능에 대해서는 다음과 같은 것을 생각해 볼 수 있다. 그 중에서 우선순위는 식품의 유형에 따라서 다르게 될 것이다. 각각에 대하여 살펴보면 다음과 같다.

1) 식품에 요구되는 1차 기능에 대하여

(영양과 건강성, 안전성, 기호성)

인간이 본래 음식물에 요구하는 기능이다. 적극적인 구매욕 유발 여부와는 별도로 부정적이지 않는 기능이다. 특히 소비자의 관심은 건강과 안전성이다.

영양원으로서의 기능은 건강유지 즉, 영양의 균형과 과잉섭취(열량, 식염 등)가 초점이 된다. 특히 비만문제는 장래에도 식단과 식습관에 영향을 미치는 문제로 생각된다. 건강에 좋다는 것으로 구매욕을 유발하는 식품도 있는데, 본래 식품은 건강에 좋은 것을 전제로 하고 있으며, 치료식이나 특수한 목적에 적용하는 보건식 이외에는 어떠한 것도 그럴 것이다. 나는 여러 가지 것을 균형 있게 잘 먹는 것이 최고로 건강에 좋다고 생각하기 때문에 심정적으로 동의할 수 없는 경우가 있다.

본래 식품은 역사 속에서 선택된 안전한 것인데 환경오염이나 제조과정에 인위적인 실수에 의하여 **안전성**이 손상되는 것이 현실이다. 안전성은 소비자가 판단할 수 없는 것으로 제조자를 신뢰할 수밖에 없다. 그러나 안전성이 손상된 경우에는 불신감이 생긴다. 그렇기 때문에 식품을 개발하고 제조하는 사람이 첫째로 보증하지 않으면 안 되는 기본적인 항목이다.

기호는 영양학적으로 보면 큰 문제는 아니지만 상품으로서는 매우 중요한 요소라는 것은 말할 필요도 없다. 식품의 맛을 결정하는 것은 식품 자체의 맛, 향, 식감, 외관과 섭취하는 사람의 생리와 심리상태, 기후와 분위기 등 외부환경, 식습관, 식의식 등이 있다.

기호에 영향을 주는 요인으로서는 나이가 최고로 크고, 다음으로 지역·성별의 순으로 영향을 미친다. 또한 기호는 해외와의 교류에

의한 식 경험의 축적, 정보화 사회의 발달에 의한 지식량의 증가 등
으로 항상 변한다고 생각된다. 소비자의 기호 변화에는 늘 관심을 가
지는 것이 필요하다. 최근의 일반적 추세로서 음식의 맛은 산뜻(light
food)^(주)해지고, 소재가 가진 맛이 살아있는 것을 좋아하게 되고, 맛
이 짙거나 산뜻하지 않은 것은 멀리 하는 경향이 있다. 이것은 건강
의식이 기호에 반영된 것이라고도 말할 수 있다.

^(주) 역자주 : Light Food는 비만이나 성인병 예방을 위해 염분, 당분, 지
방, 알코올 등을 줄인 식품. 본 뜻은 소화시키기 쉬운 음식을 말한다.

2) 식품에 요구되는 2차 기능에 대하여

(보존성, 간편성, 사용성(운반성 · 보관성), 경제성)

지금은 상품을 광고하는 효과로는 약하지만 상품의 필요조건으로
서 요구되는 기능이다.

식품가공에 있어서 **보존성**의 부여는 중요한 목표가 되며, 상품들은
기간의 장단은 있어도 제조한 후 어느 정도 시간이 경과한 후에 소비
하게 된다. 통상 식품은 제조 직후('직후'에도 엄밀하게는 어느 시점
을 가리키는가에 대한 의견이 있겠지만)가 품질 면에서 최고로 양호
한 경우가 많고 보존에 의하여 품질의 저하가 일어난다. 이것은 소비
자도 알고 있는 사항이며, 법적으로 유효기한 또는 소비기한의 표시
를 의무적으로 붙이도록 하고 있다.

보존성(품질의 안정성)은 큰 편이 바람직한데 중요한 것은 어떻게
하면 최상의 상태로 소비자에게 전달할 것인가가 상품의 과제이다.
여기에는 내용물도 최상의 상태로 유지시키는 포장과 유통도 중요한
인자이다.

간편성으로 구매욕을 유발시키는 상품은 조리과정이 단일공정인

건조식품(소위 인스턴트 식품)부터 시작하여 현재에는 손수 만든 것과 별 차이가 없는 조리식품, 사전에 준비한 신선식품으로 폭을 확대하고 있다. 앞으로도 식품의 필요조건으로서 소비자의 요구가 늘어나기는 해도 감소하지는 않을 것이다.

　간편성의 인자에는 다음과 같은 것이 있다.

① 조리공정의 수
② 조리시간
③ 난이도
④ 현재 보유중인 기구 및 재료의 이용

　조리공정의 수는 적은 것이 좋다. 완성형의 즉석식품, 조리식품은 1개 또는 2개 공정이 기준이 될 것이다. 또한 복잡하고 성가신 공정(예를 들면 기름에 튀기는 것)은 싫어하게 되는 원인이 된다.

　조리시간에 대해서도 꽤 엄격한 요구를 하고 있다. 가정 요리에서 석식의 조리시간은 현재에는 30분에서 1시간 정도이다. 생 소재가 모두 준비된 제품, 조리가 완료된 소재 및 식품의 수요가 늘고 있는 것은 당연하다. 신제품을 개발하는 경우는 가정 내에서 허용되는 총 조리시간 중에 정리하는 시간을 배려할 필요가 있다. 식품소재 및 소재형 상품에도 식품가공에 있어서는 공정의 수, 처리소요시간 등 간편성은 중요한 기능이다.

　또한 즉석식품에서 끓이는 시간은 인스턴트 라면이 기준이 되고 있어서 3분간이 소비자의 상식이다. 그리고 녹인다(분산시킨다)는 공정의 교반은 설탕이 기준이 되고 있으며, 그 이상으로 교반시간이 걸리면 녹이기 어렵다고 평가받았던 경험이 있다. 물질의 상태가 응어리라면 별개의 문제이다. 조리시간에는 마무리하는 시간에도 배려할 필요가 있다.

난이도의 기준은 조리기술이 미숙한 사람도 만들 수 있고 실패하지 않는(조리조건의 폭 넓음) 완성의 지표가 명확한 것이 필요하다.

현재 가지고 있는 기구 및 재료의 이용이라고 하는 것은 예를 들면 갖고 있는 토스터, 전자레인지 등은 사용할 수 있는지 또는 전기포트에서 끓일 수 있는 것인지 등을 고려하여 쓸데없는 수고를 줄이고자 하는 것이다.

사용성은 광범위한 문제를 포함한다. 내용물과 포장에 관한 문제이지만 거의 대부분은 포장에 관한 문제이다. 각 인자와 그 내용을 보면 다음과 같다.

① 범용성
② 용량의 적정성
③ 운반성(부피, 중량, 포장형태 및 형상)
④ 취급성(들거나 다루기 쉬움, 개봉 용이성, 계량 용이성)
⑤ 보관성(구입 재고품, 사용후 잔존품)
⑥ 폐기성(포장재료)

범용성(汎用性)은 완성형의 상품에는 필요하지 않으나 소재형(素材型)의 경우는 제조측의 입장에서는 수요량의 증가, 제조의 합리화 때문에 필요한 항목이다. 그러나 현재는 소재형에서도 용도를 특화하여 기능을 향상시킨 것은 가정용, 업무용을 불문하고 요구하는 경우가 많아지고 있다.

용량의 적정성은 주로 완성형 상품의 문제이지만 개별식사 경향과 함께 사용 한도형 상품이 증가하고 있다. 사용 한도형 상품의 양은 경제성 뿐만 아니라 폐기의 용이성 때문이라도 적정량을 설정해야 한다. 일인분의 양은 대상 소비자와 TPO(time - place - occasion, 때 - 장소 - 경우)에 따라서 변한다.

상기의 ③항 이하부터의 문제는 포장에 관한 사항이기 때문에 자세한 내용은 제6장 「포장」에서 기술하고자 한다.

경제성에서의 기본은 가격과 상품 사이에 가치의 균형(price and value)이다.

요즘의 소비자들은 절약하려고는 하지만 단순한 저가격 지향은 아니다. 상품에는 요구되거나 허용되는 품질과 기능의 수준이 있고, 그것을 만족시키는 것들 중에서 보다 저가(低價)의 것을 선정한다고 생각해야 한다.

상품으로서의 가치는 여기서 기술하는 1~3차의 각 기능을 종합하여 평가되는 것으로서 내용물의 원료비만으로 결정되는 것은 아니다. 편리함, 즐거움, 건강에 좋다는 것 등도 가치이고, 그것에 따라 소비자에 의하여 값이 결정되어 거래가 이루어지고 가격에 대한 평가가 내려진다.

가격의 평가는 동종 상품의 가격과 비교하는 것이 가장 좋지만, 카테고리(범주)를 초월하여 평가받는다고 생각하면 안 된다. 예를 들면 점심용 식품에는 도시락, 주먹밥, 컵라면, 거기에다가 외식의 쇠고기 덮밥, 햄버거가 서로 경쟁하는 상품이다. 하나하나의 가격과 가치가 평가되고 어느 것이 저렴하며 싸게 사서 이득을 볼까가 결정되어지는 것이다. 또한 조리식품의 경우에는 가정에서 손수 만들어지는 것과 내용물의 비용과 편리성을 종합하여 비교하고 평가를 하는 경우가 많다.

2차적 기능에 관해서는 소비자(사용자)가 선호하는 방향은 논리적으로 이치에 맞기 때문에 상식적으로 파악하기 쉽다. 그러므로 구매와 사용행동을 정확하게 파악하는 것이 중요하다.

3) 식품에 요구되는 3차 기능에 대하여

(이미지성, 정보성, 패션성, 화제성)

우리의 식생활이 양적·질적으로 충족되고 있는 포식의 시대에서는 먹는 것에 요구되는 것은 정신적인 만족이다. 바꾸어 말하면 먹는 즐거움이다.

맛있는 음식을 우연히 접하게 되었을 때 먹는 즐거움을 만끽할 수 있는 것은 당연하다. 또는 신기한 음식은 우리의 호기심을 자극하여 즐겁게 하여 준다. 더욱이 그 배경에 역사나 문화 등에서 비롯된 사연이 있는 이야기가 있게 되면 미각을 초월하여 즐거움을 준다.

사람은 공동식사를 하는 동물이기 때문에 먹는 것을 통하여 사람과 사람의 접촉을 즐기는 것도 가능하다. 먹는 것을 레저화하는 것이나 여유 있는 마음으로 즐기는 것도 좋다고 할 만하다.

한편, 요리하는 것이 노역(勞役)이었다거나 안전성이 염려되었다거나 비만을 걱정해서는 즐길 수 없다. 그러한 소비자의 고민을 해결하는 것도 식품산업의 역할이지만, 먹는 것에 영양 공급을 초월한 정신적인 만족을 얻는 즐기는 방법을 제시하거나 음식물의 제공을 3차 기능으로서 중시할 필요가 있다.

최근의 식품시장에는 종래 중심으로 생각되고 있었던 소재형 상품이 정체되고 주변에 자리를 잡아 온 변종이 각광을 받고 있다. 1차, 2차 기능으로 구매욕을 유발시키는 상품보다 즐거움을 부여한 것이다. 사용하기 쉬운 것보다는 모양이 예쁜 것이 중요하고, 맛있는 것보다는 아름다운 것이 호평을 받고 있다.

지적인 것에서부터 감각적인 것에 이르기까지 광범위하게 먹는 것의 즐거움을 연출하는 요소(entertainment, 흥미성)가 앞으로의 상품에서는 요구된다.

즐거움을 주는 요소로 구매욕을 유발하는 핵심낱말(키워드)로서
다음과 같은 단어들을 생각할 수 있다.

- 새롭고 신기함
- 그리움
- 즐거움
- 귀여움
- 우아함
- 모양새
- 재미
- 지적임
- 넉넉함
- 원조(본고장)
- 제철(음식)
- 브랜드(상표)
- 가정적
- 전문적임
- 손수제작
- 천연
- 소재감
- 건강
- 미용

또한 이미지(image)를 확고히 하기 위해서는 이에 관한 정보제공
이 필요하다. 새롭고 신기함을 광고하기 위해서 어느 국가의 무슨 축
제의 어떤 요리라고 하는 것처럼 내력에 대한 정보, 건강을 홍보하기
위해서는 생리적 효과에 관한 정보, 소재형 상품이라면 음식 맛의 특
징과 조리법을 상품과 같이 제공하는 것이다.

또한 최근에는 식품에도 유행의 쇠퇴가 두드러지고 있다. 옛날에는 매운 크레이프(crepe, 파이의 한 종류), 지역특산 라면, 이탈리아 요리, 민족 전통요리, 김치 등이 붐이 일어나 곧 정착한 것도 있고 물거품처럼 사라져 버리는 것도 있는 등 여러 가지가 있는데 식품에도 이처럼 유행성이 있다. 여기에도 공식(共食)이 적용되는데 다른 사람이 먹고 있으면 보는 사람도 먹고 싶어진다. 유행을 타는 것, 붐을 일으키는 요소도 상품으로서는 필요하다.

현재는 소비자의 의식과 행동은 그때 그때의 경우에 따라서 다양해지고 있다. 소비자의 선호는 변하기 쉬워 파악하기가 매우 어렵지만 소비자에게 인기를 얻는 상품의 광고 포인트로 3차 기능의 비중이 커지고 있는 것만은 틀림없다.

그러면 종래형의 전통적인 상품은 어떻게 될까. 성숙기에는 있지만 양적으로는 이후에도 중심에 있을 것이다. 그러나 소비자의 상품에 대한 평가는 결정되어 있으므로 제품에 대한 불만은 없다. 점점 관심이 적은 존재가 되고 있다.

그러나 사람들이 늘 적극적으로 먹는다는 뜻은 아니다. 복잡하게 생각을 하지 않아도 무의식 속에서 안심하고 선택할 수 있는 것도 좋은 것이다. 무의식적으로 시작되어 만족하는 결과도 있다. 정착화의 핵심 낱말은 '안심'이라고 생각한다. 정통성이 있는 식품이 그러한 만족을 줄 수 있는 것이다.

이 분야에서 신제품을 개발하는 방향은 식품가공 소재 분야의 강화이거나 타사와의 경쟁 속에서 시장 점유율을 향상시키는 것으로 생각된다. 그 때의 광고의 초점은 종래 대로의 견실한 1차, 2차 기능일 것이다. 거기에는 당연히 소비자의 기호 변화를 무시하면 안 되지만, 그 키워드는 「**소재의 고유한 맛**(식재료의 특성이 살아 있다)」, 「**간편성**」, 「**가격**(납득 가능한 가격)」이 아닐까 생각한다.

2장. 신제품 개발은 왜 필요한가?

　상품에는 화학반응과 같이 유도기, 성장기, 성숙기, 쇠퇴기의 Life-cycle이 있다. 어떤 상품에도 기술의 진보, 소비자 선호도의 변화에 의하여 언젠가는 진부하게 되고 쇠퇴하는 시기가 온다. 즉, 상품의 매출과 이익은 감소하고 다른 상품으로서 교체되어 겨우겨우 남은 생명을 이어가다가 소멸하게 되는 것을 피할 수 없다. 이런 현상은 단일 상품에만 한정되지 않고 사업에서도 발생하는 경우가 있다.

　상품의 Life-cycle을 출시 후 시간과 수요에 관한 관계로 표시한 것이 그림 2-1이다.

　유도기는 출시하여 상품의 지명도를 높이고 요컨대 육성하는 단계

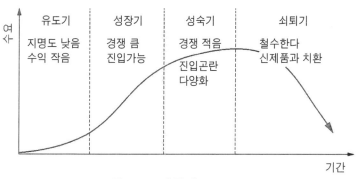

그림 2-1. 제품의 Life-cycle

이다. 광고, 선전 또는 시험용 상품제공 등 고객에 대한 인지도를 높이기 위한 시책이 필요하다. 그를 위한 선행투자가 필요하고 설비에 대한 감가상각비 지출이 수반된다. 이 단계에서는 매출과 수익률이 모두 낮아서 적자가 생긴다.

곧 상품에 대한 인지도가 오르고 매출과 수익도 같이 신장하는 것이 성장기이다. 새로운 시장의 개척 등 최고로 발전하는 단계이다. 그러나 시장이 확대되면 후발 메이커가 참여하게 되어 시장 획득을 위한 경쟁이 집중된다.

성숙기는 수요의 신장이 둔화되고 서서히 정체하여 가는 단계이다. 매출보다 수익의 확보에 중점을 두어야 한다. 이 단계에서는 신규기업의 참여는 끝났고 시장 점유율은 안정되어 있다.

그러나 후기가 되면 과점화의 방향으로 나간다. 대책으로 성숙기간을 연장하기 위하여 제품의 다양화 및 개량에 의한 매출확보, 생산 및 판매의 합리화에 의한 수익확보가 주가 된다.

쇠퇴기는 수요가 축소되고 타 상품과 교체되는 단계이다. 철수하는 기업이 나타난다. 쇠퇴기가 급속으로 진행되면 대책은 집행할 수가 없고, 신제품으로의 교체를 구상하지 않으면 안 된다.

이것이 상품의 일생이다. 기업은 상품의 수요가 정체하거나 하강하기 시작하면 무엇인가의 수단을 강구하여 Life-cycle을 연장하거나 교체할 신제품을 개발하지 않으면 기업활동 그 자체가 쇠퇴 혹은 정지로 밀려들어 가게 된다. 그리고 기술혁신과 소비자의 요구(needs)의 변화가 극심한 경우에는 그 Life-cycle은 변형되어 급속히 쇠퇴기로 들어갈 가능성이 높다.

기업은 장기적으로 사업을 계속하기 위해서는 항상 신제품의 개발에 마음을 쓰지 않으면 안 된다. 신제품의 개발은 그 때 마다의 상황에 따라서 여러 가지 방식으로 집행되지만(3장 2절, 3절 참조) 어떤 방법을 선택할 것인가는 시장의 상황과 기업의 실태로부터 정하지 않으면 안 된다. 신제품 개발의 단면에 대하여 우선 살펴보기로 한다.

1. 신제품 개발의 촉진 요인

1) 기업의 내적 요인

(1) 재무적 요인

① 수익의 확보
② 매출액의 신장

기업에서 신제품의 개발을 촉진시키는 최대의 요인은 수익과 매출액의 정체이다. 이 요인은 사업 전반에서 유래하는 경우도 있고, 특정 제품군의 문제로부터 유래하는 경우도 있다. 제품이나 사업이 성숙기에 이르러 포화상태가 된 경우 또는 유력한 경합제품의 출현에 의하여 교체되는 경우에 발생된다.

기업에 있어서 실적이 예상치에 미달되는 것은 중대한 문제이다. 또한 성장계획을 만족시키지 못하는 경우도 동일한 문제가 된다. 이것을 극복하기 위해서는 신제품 개발이 필요하게 된다.

(2) 잉여자원의 활용

기업이 생산자원에는 원료, 기술, 설비, 요원이 있는데 이것들에서 여력이 있는 경우에는 이들을 이용한 신제품이나 신사업의 전개를 계획한다. 동일하게 판매면에서도 현재 보유하는 유통망을 이용한 신제품 개발이 있다.

2) 환경 요인

(1) 경쟁의 포지션

시장에 있어서 점유율이 어느 정도인가 하는 것은 대단히 중요하다. 성숙기의 상품으로는 최상급의 상품이 잔류되고, 나중에는 유행에 관계없이 연간 일정 수요가 확보되는 상품화 현상이 나타난다. 시장 점유율이 40%가 넘어가면 거의 독점체제가 생긴다고 말한다. 시장의 획득과 방어, 고객 확보를 위하여 신제품 개발이 요구된다. 특히 타사로부터 유력한 신제품이 출시되는 경우에는 이에 대항하는 신제품 개발의 강력한 동기가 된다.

(2) 과학기술

제품의 Life-cycle의 단축, 갑작스러운 쇠퇴의 요인에는 신기술의 출현이 있다. 특히, 첨단기술을 구사하는 제품분야에서는 기술경쟁에 뒤떨어지면 하루아침에 기존 상품은 쇠퇴하고 시장의 점유를 변화시켜 기업의 운명이 나뉘게 된다. 다행인지 불행인지 모르지만 식품은 원료에 대한 의존도가 높기 때문에 혁신적 과학기술에 의한 급격한 변화는 드물다. 그런데도 장기적으로 보면 획기적이라고 할 수 있는 기술이 출현되고 있다. 동결 건조기술, 무균포장 기술 등이 여기에 해당된다. 기술의 진보가 상품의 기능 및 비용을 변화시켜 제품의 교체를 야기시키고 기업의 위치를 뒤흔들 가능성이 있다.

(3) 원료

식품은 농수축산물을 원료로 하기 때문에 1차산업 제품에 대한 의존도가 높다. 기후, 해양오염 등의 영향으로 수확량이 변화되면 가격이 변동되고 제조를 곤란하게 하는 경우가 있다. 특히 식재료의 자급

률이 낮은 나라에서는 국내외의 가격차가 크다고 하는 문제가 있다. 그 때문에 가공용 원료의 대부분을 해외에 의존하고 있는데 수출국의 사정에 의하여 수급 균형이 맞지 않는 경우도 있고, 정치적인 문제가 영향을 주는 경우도 있을 수 있다.

한편으로는 개발수입이라고 할 수 있는 현지의 재배지도와 가공지도가 활발하게 진행되고 있다. 그렇게 하여 원료의 안정공급, 품질, 비용절감의 실적을 올리고 있다. 세계적인 관점에서 원료의 확보를 생각하면 신제품 개발의 기회는 많이 있다. 원료의 안정적 공급, 품질, 비용문제는 중요한 과제이다.

(4) 법적 규제 등

식품산업에서 최근 일본에서는 유기농 식품의 검사인증과 표시제도, 보건기능 식품제도의 발족, JAS 규격 개정이 있었다. 정부에 의한 규제 및 완화가 동기가 되어 신제품이 개발되는 것도 있다면 규제에 의해서 깨지는 경우도 있다.

식품은 특히 안전성이 중요한 인자이다. 식품의 경우는 법적 규제 이상으로 사회적 수용성 즉, 소비자가 받아들이는가 혹은 받아들이지 않는가의 문제가 있다. 식품첨가물 문제, GMO(genetically modified organisms, 유전자 재조합 농산물) 문제 등이 현실로 나타나고 있다. 사회적 수용성에 의해서도 제품의 판매를 종료하거나 새로운 출시가 결정되는 경우도 있다. 이 문제에 관해서도 세심한 주의가 필요하다.

법에 의한 규제는 반드시 준수하지 않으면 안 되지만, 이제부터는 기업 자체에 의한 규제가 요구될 것이다.

(5) 소비자의 Life-style

제품의 Life-style에 대한 영향인자로서 소비자의 Life-style의 변

화가 매우 큰 문제이다. 제2차 대전 후 일본의 식생활은 경제력의
향상, 생활의 서구화, 핵가족화 등으로 재래형의 식생활이 크게 변화
되었다는 것은 앞에서 다루었는데 그러한 것에 의하여 많은 신제품
이 개발되었다. 이제 다시 일본의 식생활은 크게 변화될 것이라고 한
다. 최근 거품경제 이후의 장래의 불안에 대한 생활 방어의식이 고급,
고가격 상품의 판매부진으로 이어지고 있지만, 단기적으로는 때때로
경제정세(경기동향)가 제품의 매출에 영향을 준다. 그런 것이 당연하
다 할지라도 장기적 관점에서는 소비자의 Life-style 변화에 대한 대
응을 가장 중요하게 다루지 않으면 안 된다.

(6) 인구 통계학적 요인

인구의 세대분포나 거주지역이 변화되면 식생활이 변하기 때문에
그 결과로 상품의 수요도 변화된다. 현재 안고 있는 문제는 핵가족
화와 고령화이다. 종래의 상품개발은 대체로 다수파인 젊은 층을 대
상으로 하여 왔다. 확실히 젊은이들은 호기심이 강하고 유행에 민감
하다. 그들은 신제품에 대한 수용성이 높고 변화를 주도하는 층이
다. 그러나 인구 구조의 변화 또는 개별식사화 시대라고 하는 것을
생각하면 이제부터는 대상 소비자로서 고연령층을 고려할 필요가
있다.

(7) 고객의 요구

고객이 설계하고 기획한 특정한 제품(製品)을 사용자(user)의 요
구(needs)와 요청에 맞추어 제품화하는 일이 종종 있다. 사용자로부
터는 그들이 개발하고자 하는 상품의 특성에 맞는 기능을 가진 어떤
원료나 생산 합리화에 부합되는 원료를 요청받게 된다. 예를 들면 포
장단위(무계량화, 여성들도 다룰 수 있는 중량 등)나 여러 가지 원료

의 혼합과 같은 것 등이다. 특히 소재형(素材型) 상품은 그 사용자
와의 연대 또는 동향 파악이 중요하다.

(8) 기존 상품의 판매촉진

상품이 성숙기가 되면 소비자에 대한 자극성이 둔화된다. 기존 상
품을 활성화하는 수단으로서 brand-change(상표 교체), 신품목의 도
입(다양화)이 필요하므로 그것들을 위한 신제품 개발이 요구된다. 매
출에 대한 기대가 작다는 것을 받아들이고 신품목 출시의 시책을 취
한다. 또한 업무용 상품에는 주력상품의 사용자에 대한 서비스로서
자사로서는 이점이 적은 신제품 개발을 수행하는 경우도 있다.

2. 신제품 개발의 기본전략

1) 선행전략과 대항전략

신제품 개발의 기본 전략에는 선행전략과 대항전략이 있다(그림 2-
2). 각각의 특징을 기술하면 다음과 같다.

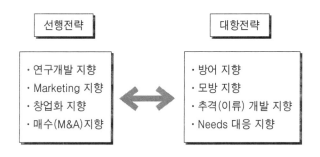

그림 2-2. 제품개발의 기본 전략

(1) 선행전략

시장동향을 예측하고 시장 진입의 기회를 포착하여 타 기업에 앞서서 상품화를 꾀하는 전략이다. 새로운 시장을 개발할 필요가 있고 그것을 위한 초기투자(사람, 원료, 자금)의 규모도 크다. 위험성은 있지만 수익(창업자 이익)이 큰 것이 선행전략이다. 타 기업이 추격해 올 가능성 여부가 관건으로 용이하게 흉내 낼 수 없다고 생각되는 품목의 경우에 적용할 수 있다. 그리고 그런 경우에 유효하다. 성공할 경우에는 기업의 자존심을 크게 만족시키는 전략이다.

종래에는 이런 접근 방식이 최선이라고 할 이유는 없었지만 성숙기를 맞이한 식품분야에서는 이후에 선행전략이 중요하게 될 것이다.

① 연구개발 지향 : 연구개발에 주력하여 기술적으로 우월한 제품을 개발한다. 기능을 내세우는 소재형(素材型) 제품의 경우에는 성공하기 쉽다.

② 마케팅 지향 : 시장의 요구(needs)를 발견하고 점유하는 것을 최우선으로 하여 그것을 만족시키도록 제품을 개발한다. 식품분야의 신제품 개발에서는 식품의 특성 때문에 마케팅 지향이 주가 된다.

③ 창업가 지향 : 시장의 요구에 선행한 재치와 직감력으로 아이디어를 창출하여 시장의 요구를 형성하면서 제품화한다. 시장에서 요구를 만들어 내는 것이 사업으로서 성공의 관건이다.

④ 기업매수 지향 : 현 시점에서 시장은 작지만 장래성이 있는 분야를 찾아서 서둘러 상품화하며 시장을 육성하기 위하여 실행한다. 자사의 잠재능력이 없는 경우에 행한다.

(2) 대항전략

타 기업의 움직임을 보아 가면서 스스로의 행동을 시작한다. 기본적으로는 방어적인 전략이다. 신제품 개발의 대부분은 이 유형이다. 대체로 어떤 업계에서도 하나의 기업이 신제품을 출시하면 앞을 다투어 타 기업에서도 따라서 하는 일이 흔히 있다.

이런 전략은 위험성이 많지는 않으나 수익은 작다. 경제의 고도성장기에는 유효한 수단이었지만 성숙기에는 문제가 있는 전략일지도 모른다.

① 방어 지향 : 경합하는 신제품에 대하여 자사의 기존제품을 개선하여 신제품의 영향력을 약화시키고 경쟁상대의 세력을 저지하여 경쟁에서 탈락되는 것을 막는다.

② 모방 지향 : 경합 신제품이 시장에 정착하기 전에 모사 제품을 만들어 시장에 출시하고 그것으로 타사의 시장점유를 막는다.

③ 재개량 : 신제품의 특성을 분석하여 개량 또는 차별화를 한다. brand력과 판매력이 강한 경우에는 유효하다.

④ 요구(needs) 대처 : 적극적으로 고객의 요구에 따라서 신제품을 개발한다. 위험성이 없는 것 같으나 주체성이 없이 고객의 요구를 잘 이해하지 못하고 그냥 받아들이면 의도와는 다른 결과를 초래할 위험이 있다. 스스로 성공 여부의 판단을 해야 한다. 그렇지 않으면 도중에 성이 차지 않아 답답하다는 생각을 하게 한다.

상품개발 전략으로 무엇을 선택하는 것이 좋은가는 시장의 상황, 기업의 사정에 의하여 바뀌기 때문에 일률적으로 말할 수는 없지만 기업의 자세 문제로 귀착되는 경우가 많다.

경쟁이 심한 지금은 신제품 개발은 단지 기업내 요구나 타사를 쫓

아가는 것으로는 성공하지 못한다. 신제품 개발은 투자와 위험성을
동반하는 것이기 때문에 소비자와 시장의 동향을 인식하여 치밀한
전략에 따라 추진시킴으로써 달성된다. 현재 식품업계의 상황은 전체
적으로 성숙기에 있고 brand(상표)의 정착화가 진행되고 있다.

기업의 성장을 바란다면 대항전략을 취하는 경우에도 안이한 모방
전략으로 second-brand 이하라도 좋다고 하여 광범위한 상품개발을
목표로 하기보다는 가장 숙련된 영역에 초점을 맞추고 기업의 잠재
능력을 집중하여 brand력을 높일 수 있도록 몰두해야만 할 것이다.
또한 끊임없이 잠재능력을 높이는 노력이 필요하다.

기업환경, 자신의 강점과 약점을 인식하고, 강점은 내세우고 약점
은 적을지라도 극복할 수 있는 전략을 세울 수 있도록 해야 한다.

일반론으로서 선행전략을 취하기 위한 조건은 다음과 같다.

① 신제품과 신시장을 지향한다.
② 연구개발력과 마케팅 기술이 있다.
③ 개발에 필요한 자원과 시간이 있다.
④ 조기에 시장 침투가 가능한 광고력과 판매력이 있다.
⑤ 신제품은 고매출과 고수익의 가능성이 높다.
⑥ 신제품은 특허 취득이 가능하다.

3장. 신제품 개발의 기획

신제품 개발의 실패요인은 ① 시장 요구의 파악 실패, ② 컨셉 작성의 오류, ③ 상품력의 사전평가 잘못 등 이들에 의한 경우가 많다고 한다. 좋은 아이디어를 가지고도 명확한 전략이 부족한 경우에는 신제품 개발이 성공하지 못할 것은 분명하다.

신제품의 개발은 ① 시장 요구(needs)의 파악, ② 제품의 디자인 (컨셉의 작성), ③ 대상의 제작과 마케팅 계획 작성의 순으로 조직적으로 수행해야 한다. 이들 중 어느 것이라도 조잡하게 되면 신제품의 개발은 잘못되어 실패한다.

신제품 창출을 촉진하는 요인은 매출의 확대 및 수익의 개선 등 기업의 요구(needs)에 의한 것이 크다. 그리고 그런 문제의 해결을 연구개발에 의뢰하는 방식으로 많이 이루어진다. 그러나 식품에는 전혀 인류가 접하지 않았던 제품을 제공한다는 것은 아주 어려운 것이다. 바꿔 말하면 전부가 태고적부터 먹어 온 것을 다양화한 것이다. 기술이라고 하여도 기본은 식품소재가 갖는 음식으로서의 기능 특성에 의존하는 가공기술이 대부분이기 때문에 기존의 상품과 완전히 다른 것을 창조하는 것은 어렵다.

신제품 개발은 기존의 상품에 새로운 기능을 부여하거나 기능을 차별화하는 것이 목표이다. 대부분의 경우 신제품은 소비자가 절대적으로 필요로 하는 것은 아니지만 보다 만족하는 것이다. 그래서 기술력만으로 신제품을 개발하여 상품화하는 것은 어렵다. 선행하는 전략을 취한다 하여도 소비자의 잠재적 요구(needs)를 발굴하는 마케팅력과 기술력을 통합한 개발전략이 필요하다.

물론 식품에도 기능향상은 필요하고 그 때문에 기술은 중요하다. 연구자나 기술자로서는 연구개발에 도전하는 것은 당연하고, 그렇게 하여 진정으로 창조성이 풍부한 신제품을 만들어 내는 것이 왕도라고도 말할 수 있다. 그러나 신제품 개발은 출시 시기, 즉 타이밍도 중요한 요소이다. 출시의 시대나 시기가 빠르거나 늦어도 실패한다. 더욱이 기술개발을 전제로 하는 것은 위험하며, 많은 생각을 필요로 하는 것이 있으며 게다가 상품화의 시기를 잡기가 어렵다. 그러므로 연구개발과 신제품의 개발은 별개로 하는 것이 좋다.

연구개발은 신제품 개발과 연계하는 것을 전제로 하여 목적을 명확히 한 기초연구와 응용연구를 수행한다. 그리고 성과가 뚜렷하게 되는 시점에서 신제품의 종자 상품(seed)으로 받아들일지 또는 회사의 잠재능력으로 두어 훗날을 대비할지를 판단하는 것이 좋다. 그러면 신제품 개발에 관한 기술이라는 것은 무엇인가라고 묻는다면 기본이 되는 것은 여러 종류의 기존 기술의 활용과 통합화(그 속에서의 기술의 응용과 진보는 물론 포함된다)라고 생각하고 있다.

기술은 신제품 개발에 있어서 중요한 요소이지만 신제품 개발의 주축은 소비자와 시장연구에 기초한 마케팅이다. 그러므로 개발 기술자는 신제품 개발과정의 전반에 관한 이해와 함께 개발 기획에 적극적으로 참여할 필요가 있다.

여기에서는 선행형, 마케팅 지향형의 신제품 개발을 염두에 두고 신제품 전략의 책정 절차(process)에 관하여 설명한다.

1. 신제품 개발의 절차

신제품의 개발 수순은 다음과 같다.

① 신제품 개발전략의 책정

② 제품 컨셉의 형성

③ 개발작업의 실시(시험제작 및 공업화 검토, 마케팅 계획)

④ 사업화의 결정(공업화, 생산 및 판매 계획)

이와 같이 4단계로 나누어 하나씩 올라가면서 진행시킨다. 신제품 개발의 절차를 그림 3-1에 나타내었다.

각 과정의 담당과 다음 과정으로의 진행에 대한 판단을 어떻게 할 것인가는 기업에 따라 여러 가지의 결정 방식이 있다고 생각하지만, 어쨌든 기업의 개성에 맞는 형식으로 실행과 승인의 책임 소재를 명확히 한 규칙을 만들 필요가 있다. 특히 그림 3-1의 굵은 글씨체로 표시한 결정과정은 회사 내의 공식적인 승인을 당연히 받아야 하는 사항이다.

이 시스템은 최근 널리 도입되고 있는 품질관리 및 품질보증의 국제규격인 ISO 9000(JIS Z 9001) 시리즈에 준할 것을 권장하고 있다.

ISO에서 요구하는 사항의 요점은 다음에 명기한 것과 같으며, 상세한 내용은 ISO 9000(또는 JIS Z 9001)을 참고하기 바란다.

① 제품의 개발 절차를 문서화한다.

② 관리, 실행, 검증하는 사람들의 책임, 권한 및 상호관계를 명확히 한다.

③ 설계 및 개발의 각 업무에 관하여 계획서를 작성한다.

④ 설계부터의 결과물(output)들은 문서화하여 승인을 받는다.

⑤ 변경 및 수정은 문서화하고, 명확히 하여 실시 전에 승인을 받는다.

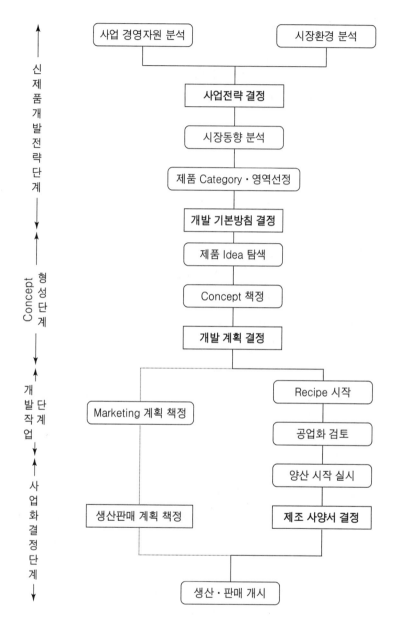

그림 3-1. 신제품 개발의 절차

2. 신제품 개발전략의 책정

이 단계에서는 사업전략을 결정하는 것이다. 이 담당은 마케팅부문
이다. 연구개발 부문은 기술개발, 아이디어 탐색, 이용연구의 성과를
입력하여 사업전략에 반영시키는 역할을 한다. 기술개발 담당자는 사
업전략상 신제품의 필요성 및 그 배경에 관한 정보를 마케팅부문으
로부터 제공받을 뿐만 아니라 어느 정도까지는 공통인식을 가지는
것이 필요하다.

사업전략의 책정 작업은 우선 사업경영 분석과 시장환경 분석부터
시작한다. 이것은 신사업과 신제품을 생각하는 출발점이다. 이와 같
은 분석은 2~3년 내에 그 정도가 변하는 것은 아니기 때문에 한 번
실시하여 개발 관계자(마케팅 담당자, 기술개발 담당자 등) 간에 늘
인식의 공유화를 도모하는 것이 좋다고 생각한다. 이후 상황의 변화
에 따라 필요하면 이것을 기점에서 다시 수정한다.

1) 사업 경영자원 분석

우선은 자사의 현황을 분석하여 무엇을 무기로 하여 경쟁에서 이
겨낼 것인가를 정하기 위하여 자사의 강약(强弱)을 파악하고 경쟁력
이 있는 자원을 확인한다.

분석은 다음 항목에 대하여 잠재적 경쟁사와의 비교를 중심으로
상대평가를 한다.

① 연구개발의 성과 및 현재 보유하고 있는 설비·원료·인원
② 개발 기획력·연구개발력·기술력·판매력
③ Brand력
④ 유통망
⑤ 물류망

⑥ 정보 시스템력

2) 시장환경 분석

거시적 관점에서 자사의 사업이 현재 놓여져 있는 상황을 파악하기 위하여 수행한다. 과거와 비교하고 장래의 예측을 포함하여 시계열적(時系列的)으로 분석한다. 분석하는 항목은 다음과 같다.

① 사회동향 : 인구분포, 환경문제, 법적 규제
② 소비자 동향 : 소비자 구조, 소비행동, Life-style, 식생활 의식
③ 경제동향 : 산업구조, 경기동향, 식품수요 동향, 경쟁기업 동향
④ 기술동향 : 기술개발 동향, 특허동향

3) 사업전략의 책정

신제품 개발전략의 기반은 기업의 사업전략이다. 사업전략은 기업의 나아가야 할 방향을 정하여 전체의 틀 속에서 사업목표(매출과 이익)를 세우는 것이다. 여기에도 신제품 개발의 입장에서는 중기적 전략이 있는 편이 좋을 것이다.

사업전략에는 다음과 같은 4가지 패턴이 있다.

① 기존 시장에서 기존제품의 시장 점유율(market share)을 올리는 전략 : 이 시책의 중심은 판매활동과 판촉활동이다.

② 기존 시장에 신제품을 투입하는 전략 : 시장의 확대를 꾀함과 동시에 자사의 시장 점유율을 향상시켜 사업의 성장을 도모하는 전략이다.

③ 기존제품의 용도 개발을 수행하여 새로운 시장을 개척하는 전략 : 연구 개발부문의 용도 개발을 기반으로 유통, 판촉, 판매전략을 수립한다.

④ 미참여 시장으로 진출하여 기업활동의 범위를 확대하는 전략
(사업의 다각화) : 이 전략은 자사의 잠재능력을 활용한 기존
시장의 주변을 겨냥하는 경우가 많다. 유망시장에 신제품의 잠
재능력이 부족한 경우는 타사의 기술, 판매 기술 또는 기업 그
자체를 제휴하거나 매수하여 참여를 꾀하는 경우가 많다.

사업전략이 책정되면 ①의 경우를 제외하고는 기술 개발자가 관계
하게 되는데, 현실적으로 각 기업이 수행하는 신제품 개발은 대부분
②의 경우이다. 앞으로는 이 경우에서의 신제품 개발의 진행 방향에
대하여 설명한다.

신제품 전략의 전개는 신제품 개발 필요성의 정도, 사업으로의 공
헌을 어느 정도 기대하는가, 현재의 사업과 어떻게 관련지을 것인가
를 고려함으로써 신제품의 필요성, 사업내의 위치, 방향성이 명확히
되며 적절한 신제품 전략에 연계가 가능하다.

3. 식품 카테고리 및 제품영역의 선정

현재의 식품업계는 카테고리(된장, 간장, 유제품 등의 레벨에서의
분류) 레벨에서는 거의 모든 종류의 상품이 갖추어져 있다고 말할 수
있다. 새로운 카테고리(범주, category)를 개척하는 것은 꽤 어렵다고
생각된다. 또한 기존의 시장도 포화상태라고 생각해야 한다. 그런 상
황에서는 신제품의 개발은 시장 점유율의 향상과 기존 상품시장 주
변의 확대가 주요 전략이 된다.

그 시행책으로 그 카테고리 전체를 대상으로 하여 기존제품과 특
성과 기능에서 명확하게 차별화된 제품을 투입하는 방법과 시장을
세분화(segmentation)하고, 세분화된 영역에 대하여 적성이 높은 상
품을 개발하는 방법이 있다. 전자의 예는 '아사히 맥주'의 경우인데

맛을 차별화한「슈퍼-드라이」이고, 후자의 예는 고급품으로 구매욕을 높인 '일청(日淸)'의「ㅋ王」이다.

세분화는 다양화되는 소비자의 요구에 여러 가지 각도에서 대응하도록 카테고리를 나누고, 각자의 요구에 부응하는 특화된 제품을 개발하여 구매욕을 올리고 수요의 확대를 꾀하는 시행책이다.

세분화는 1990년대부터 많이 이용되는 방법이며, 지금은 거의 모든 산업에서 세분화가 상식이 되고 있다. 신규 참여나 기존 시장의 확대에서는 적용하여도 카테고리 전체를 대상으로 하는 것은 '아사히 맥주'에서는 성공하였지만 쉬운 일은 아니다. 세분화된 시장(제품영역이라고 부른다)에 참여하거나 경주하는 편이 성공률은 높을 것이다.

세분화의 전형적인 예는 가정용 세제이다. 가정에 있는 세제를 열거하여 보면 용도별로 철저하게 세분화된 것을 알게 될 것이다.

식품에서 커피를 예로 들면 시장에는 최초에 간편성을 중시한 분말형의 인스턴트 제품이 도입되어 커피의 맛에 친숙하게 되었고, 본격적으로 맛에 대한 요구가 나타난 경우로 시장을 세분화하여 레귤러(커피원두 캔) 시장을 만들었으며, 시장 전체의 확대를 가져왔다. 중견기업에서도 레귤러 커피 영역을 겨냥하는 것으로 커피시장에 용이하게 참여할 수 있었다. 현재는 분말형, 농축액 타입, 레귤러 타입 등 각각으로 나뉘어 전체적으로 커피시장의 확대에 성공하고 있다.

성장기의 카테고리에서는 공백영역이 충분하기 때문에 시장규모가 커서 성장성이 있고, 수익성이 높은 영역이 세분화에서 찾아볼 수 있을 것이다. 그것을 목표로 하여 참여하는 것은 용이한데, 성숙기의 카테고리에는 유행에 관계없이 연간 일정 수요가 확보되는 기본형의 상품화 현상과 과점화의 진행 속에서 스스로 공백영역을 창출하든가, 그렇지 않으면 자사의 강점을 발휘할 수 있는 제품영역으로 역량을 집중하여 점유율 향상을 도모하는 시행책을 취해야만 할 것이다.

신제품을 투입할 시장을 정하는 데는 그 카테고리의 시장구조를 아는 것이 필요하다. 시장환경 분석보다도 세밀한 조사(시장동향 분석)를 수행하고, 그 분야의 실태를 파악하는 것부터 시작한다.

그 다음에는 이미 존재하는 기존제품을 그룹화하여 시장의 세분화를 행한다. 그리고 각 제품영역의 실태와 특징을 평가하여 참여할 제품영역을 적출하여 설정한다.

카테고리 속에 공백지대가 있고 새로운 시장기회가 발견되면 선행형(先行型)의 개발이 가능하다. 또한 아직 성장을 기대할 수 있는 기존 영역이 있다면 대항형(對抗型)의 차별화에 의한 신제품 개발에 참여를 꾀한다.

새로운 영역의 개발 및 기존 영역으로의 참여보다는 자사의 강한 제품영역을 더욱더 강화하여 점유율 향상이라는 목표를 취할 것이라면 고객의 만족도에 주목하여 기존 상품의 개량과 주변 상품의 충실을 꾀하는 제품전략을 택한다.

1) 시장동향 분석

사업전략을 결정하게 되면 다음으로 신제품이 참여할 제품분야(카테고리)의 시장동향을 조사한다. 시장동향 분석에는 제품분야에 대하여 다음 5가지의 동향을 명확히 하여 참여 방법을 탐색한다.

① 시장의 동향: 시장규모, 성장률, 품종 구성, 상품 종류(brand) 별 시장 점유율
② 소비자의 동향: 지명도, 매입률, 매입층, 매입실태(빈도, 만족도), 선택의 기준, 사용실태(TPO, 편리성)
③ 유통동향: 유통채널, 매장

④ 판매동향 : 경쟁사의 광고 및 판촉, 가격전략

⑤ 기술동향 : 주요 기술, 특허

시장동향 분석은 정량적인 자료에 기초하는 것이 바람직하지만 전체의 항목에 대하여 실행하는 것은 꽤 어려움이 있다. 지점, 바이어 (buyer), 광고 대리점, 원재료 메이커 등으로부터 청문조사 또는 직접 점두에서의 매입동향 관찰 등의 정성적 정보를 얻는 것도 필요하다. 단편적 정보도 분석(해석)하기에 따라서는 신뢰성이 있는 추측이 되는 것도 많다.

주요한 시장동향의 기초 데이터 출처로는 가계조사년보, 식품마케팅편람, 주류식품통계월보 등의 통계류, 기타의 업계 잡지, 학회 및 협회지, 요리정보지, 인터넷 정보 등이 있다.

2) 카테고리의 세분화(제품분야의 세분화)

시장동향 분석의 결과에 기초하여 우선 시장구조를 계층적으로 분명히 한다. 여기에는 제품의 속성과 형태 등에 기초한 **모형도**(tree model)를 만드는 것이 좋을 것이다. 그리고 신제품을 개발할 영역을 적출한다.

즉석 된장국의 경우를 예로 들어 설명해 보자. 즉석 된장국은 매출이 400억엔 대의 중형 상품이다. 제품형태로는 그림 3-2의 밑줄 친 5개의 형태로 분류된다.

세분화의 방법은 하나의 예로서 즉석 된장국을 소비자가 어떻게 지각하고 있는가, 메이커가 어떻게 엄격히 구별하여 판매하고 있는가에 관계되어 있다. 일반적으로는 다음과 같은 것들이 세분화(segmentation)의 부문이다.

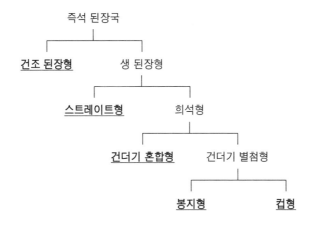

그림 3-2. 즉석 된장국의 분류

① 소비자의 세분화

　　연령(젊은이/노인)
　　성별(남/녀)
　　거주지역
　　기호(일본식/양식, 단맛/매운맛)
　　먹는 것에 대한 의식(적극적/소극적)
　　식 행동(손수 요리 비율, take-out 이용률, 외식률)

② 제품기능의 세분화

　　음식맛
　　건강성
　　경제성
　　간편성 등

③ 식사 시기/종류에 따른 세분화

　조식용/석식용

　도시락용

　간식용 등

④ 유통채널의 세분화

　슈퍼

　편이점(CVS)

　백화점

　급식 등

즉석 된장국의 다섯 가지 제품군에 관하여 몇 개의 세분화의 축과 교차시켜 특성을 모식적(模式的, 실태와는 괴리되어 있는 경우도 있지만)으로 세 단계 평가에서 비교하여 본 것이 표 3-1이다.

이 평가에서 보면 각각의 타입은 여러 가지 축으로 세분화되고 있

표 3-1. 각종 된장국(味噌汁)의 특성 평가

특성 된장국의 형태	대상소비자		제품기능				식사 시기			유 통		
	젊은층 대상	일본식 선호	식미	보존성	경제성	편리성	아침	저녁	도시락	슈퍼	CVS	택배
건조형	⊿	◎	⊿	◎	○	○	◎	⊿	○	◎	○	⊿
스트레이트형	⊿	◎	◎	⊿	⊿	○	○	◎	⊿	⊿	○	◎
건더기 혼합형	○	◎	⊿	⊿	◎	○	◎	⊿	○	◎	○	⊿
봉지 충진형	⊿	◎	○	○	○	○	◎	⊿	○	◎	○	⊿
컵 충진형	○	◎	○	○	⊿	◎	○	⊿	◎	⊿	◎	⊿

◎ : 적합(양호),　○ : 보통,　⊿ : 약간 부적합

는 것을 알 수 있다. 그러나 전통적 식품이기 때문에 맛의 특성은 기본적으로 동일하며, 소비자의 판단에서 본다면 일본식 선호로 압축되고 있다. 새로운 제품영역으로서 양식 선호층과 젊은이 층을 생각할 수 있다. 더욱이 여러 가지 식사시기 및 용도(occasion)에서의 소비자의 만족도를 상세히 조사하면 참여할 영역과 그 경우 차별화의 실마리가 발견될 가능성이 있다.

유통 루트로부터는 슈퍼 상품과 도시락 가게 상품이 많고, 택배시장 면에서는 경제성이 있는 다양화로 획기적으로 제품을 개발을 한다면 시장확대의 가능성이 나타날지 모른다.

3) 제품영역의 선정

제품영역의 선정은 전술한 카테고리의 세분화 축을 짜 맞추어 선택한다. 예를 들면 대상 소비자의 축과 식사시기의 축을 재편하여 「젊은층의 아침 영역」과 거기에 유통의 축을 첨가하여 「젊은층의 아침 및 CVS 상품 영역」으로 되도록 새로운 영역을 설정한다. 설정에 대해서는 그 시장동향 분석과 사업경영 자원 분석의 결과를 합하여 다음 항목에 대한 예측을 수행하여 제품영역으로서 사업전략의 적합성을 평가한다.

① 매출 잠재능력(시장규모, 성장성, life-cycle의 장단)
② 시장침투(참여 비용, 경합기업과의 경쟁력)
③ 사업경영 규모(시장 점유율, 경험의 중요도)
④ 투자(필요투자, 기술개발)
⑤ 수익(이익, 가격 경쟁력, 투자 수익률)
⑥ 위험도(경쟁기업의 보복, 기술변화, 원재료의 입수성)

그 외에 제품영역의 설정에는 자사의 기존 제품과의 cannibalization(같은 회사의 제품으로 유사성이 강하고 호환성이 있는 경우에 생기는 경합, 서로 잡아먹음)을 생각하지 않으면 안 된다.

또한 브랜드(brand)의 강화에 연계하는 것을 고려해야 한다. 하나씩 별도로 상품개발을 하지 않고 식품군으로서 연관성이 있는 것을 개발함으로써 기업의 정책, 상품의 가치 즉, 개성과 특징이 소비자에게 전달된다. 예를 들면 「건강」이라고 하는 키워드를 전체 상품이 공유함으로써 그 브랜드의 「건강」 이미지가 소비자에게 전달되는 것이다.

또한 제품영역의 설정에서는 카테고리가 다른 제품에서도 사용하는 목적과 용도가 같은 경우에는 경합관계(cross-category)가 된다는 것도 고려에 넣어야 된다. 특히 최근에는 그 경향이 강하다. 된장국은 국물로서 스프, 맑은 국, 스튜(stew)와 마시는 것으로서 다류, 맥주, 주스와 경쟁하고 있다.

4) 신제품 개발 기본방침의 책정

제품영역을 설정하게 되면 여기까지의 검토경과를 정리하여 제품영역에 참가하는 기본방침, 참여 의의, 개발작업의 전개 방향을 분명히 하기 위하여 개발 기본방침을 작성하고 사내 승인을 받는다.

개발 기본방침은 다음 항목에 대하여 검토하여 결정한다.

(1) 기본계획 결정의 배경

사업경영 자원 분석, 시장환경 분석, 시장동향 분석의 결과를 총괄하여 기본방침과의 연계를 명확히 한다.

① 사회·경제·기술환경
② 대상 시장의 크기, 성숙도
③ 시장에서 자사의 경쟁상의 위치

④ 대상 소비자(target)의 관련 상품에 대한 지각, 선호, 구매행동

⑤ 자사의 자원·잠재능력

(2) 기본전략의 선정

기본전략에는 다음과 같은 형태가 있으며, 제품영역을 평가한 결과 특히 매출의 잠재능력과 전술한 배경에 의한 출시 시기(timing)를 고려하여 무엇을 선택할 것인가를 결정한다.

① 신영역의 개척(신규 사용자의 개척, 신규 유통 루트의 개척 등)

② 기존 영역으로의 참여

③ 현재 영역에서의 시장 점유율의 확대 및 유지 마케팅에서는 구체적인 전략을 다음으로부터 선택한다.

　㉠ 차별화(음식맛, 사용성 등의 제품 속성)

　㉡ 집중화(지역, 고객, 유통, 매장 등의 세분화, 경쟁대상(top-maker 또는 하위 maker)의 수나 범위를 좁혀 나감)

　㉢ 저가격화

연구개발에서는 기술적으로 보아 다음과 같은 분류가 있으며, 어떤 전략이 필요한가를 분명히 한다.

① 신기술 영역으로의 참여

② 현재 보유기술의 활용에 의한 신제품의 개발

③ 기존 제품의 개량 및 기존 제품의 상품구비(품목, 무게, 포장의 다양화)

④ 기존제품의 용도개발

신기술 영역으로 참여하는 경우는 자사에서 직접 개발할 것인가, 타 기업과의 제휴나 매수에 의하여 참여할 것인가를 먼저 정한다.

(3) 목표의 설정

개발 기본방침을 구현하기 위하여 필요한 목표와 착지점을 정하는 것으로 참여의 의의를 분명히 한다.

목표는 ① 도전적인 것, ② 어느 정도 합리적 근거가 있는 것, ③ 매출과 이익 간에 모순이 없는 것이 필요, ④ 사업에 대한 목표 수치에 도달하지 못하는 원인이 있는가, ⑤ 기존제품에 마이너스로 되는 것은 없는지. 이러한 점들에 대해서도 평가하여 신제품만을 독립하여 보는 일이 없도록 기존제품 라인과의 상승효과, cannibalization의 추정을 포함하여 기존제품을 포함시킨 사업의 통합관리를 생각하도록 한다.

설정하는 항목에는 다음과 같은 사항들이 있다.

① 판매 및 이익의 목표 : 중장기(3~5년)의 판매 예정(예상 손익 계산), 시장 점유율
② 마케팅 구상
  • 광고 : 광고목표(지명도)
  • 유통판매 : 유통채널, 취급 점포수
③ 생산구상 : 생산체제(자사, 제조 위탁), 투자금액

(4) 목표 달성으로의 과제의 명확화

마케팅 및 판매출의 과제, 기술 및 생산의 과제에 대하여 개발과정에서 해결할 수 있는지 또는 애로사항(병목현상, bottle-neck)은 없는지, 위험도의 평가를 명확히 해 두는 것도 필요하다.

4. 컨셉의 작성

이 단계에서는 개발할 신제품의 컨셉을 결정하고 구체적인 개발계획의 책정을 실시한다. 이 단계는 마케팅 부문의 업무라고 하는 의견이 있지만, 제품화의 가능성에 대해서는 연구개발 부문의 정보와 의견이 필요로 되기 때문에 양자가 공동으로 실시하는 편이 좋다는 것이 저자의 지론이다.

1) 아이디어의 탐색

(1) 아이디어의 생성 및 수집

제품의 아이디어는 이 단계에서도 토의되고 있는 것 같다. 제품영역의 설정단계에서도 구체적으로 이미지를 만들기 위해서 제품에 대하여 논의하는 것은 당연하다. 그러나 신제품을 계획하는 중의 아이디어 탐색은 제품영역을 정한 후에 조직적으로 생성하고 수집하는 것이 효과적이다.

아이디어 수집을 브레인 스토밍(brain storming)과 혼동하고 있는 경향도 있지만, 브레인 스토밍은 아이디어 수집방법 중의 하나에 지나지 않는다.

브레인 스토밍을 실시하여도 쓸데없이 확산(식품은 자신에게 관계가 깊은 것이니만큼 누구도 한 마디씩은 할 수 있다)하면 나중에 수습하지 못하게 된다. 또는 창조적이고 구체성이 있는 아이디어를 거의 얻을 수 없는 경우도 많다. 그 이유는 참가자 다수가 항상 그 주제에 관심을 갖고 있다고만은 할 수 없기 때문이다. 그래서 나는 이 방법을 그다지 좋아하지 않는다.

아이디어는 메뉴 뿐만이 아니다. 내용물의 품질, 포장, 사용법 등 2

차 기능과 3차 기능에도 시야를 넓혀서 탐색하지 않으면 안 된다. 아이디어의 생성은 담당자 자신이 아이디어의 힌트를 수집하여 진지한 토의를 실시하는 편이 바람직한 것으로 생각된다. 일반인(담당부서 이외의 사람)으로부터의 아이디어 수집도 그 자체만으로 의미는 있지만, 브레인 스토밍을 실시하여도 초점을 좁혀가는 편이 좋다고 생각된다.

제품 아이디어에 대한 힌트의 출처에는 다음과 같은 것들이 있다.

① 소비자 정보 : 사회경향, 식생활 실태, 외식의 메뉴경향, 조리기구의 보급도, 요리잡지의 메뉴경향, 소비자의 의견(관련 상품에 대한 만족도, 제안 및 클레임, 창의 연구)

② 업계 및 타사의 정보 : 기존시장이 큰 상품, 성장 전기에 있는 상품, 강력한 경쟁기업이 참여하고 있지 않는 상품, 타사의 히트 상품, 타사의 개발경향

③ 유통으로부터 정보 : 양판점·편의점·도매점으로부터의 구매정보, 양판점·편의점·도매점 등의 판매시책, 신 유통채널의 형성

④ 기타의 외부정보 : 수입식품의 동향, 해외 신제품 정보, 원재료 업자의 의견, 요리전문가 등 컨설턴트의 의견, 가전 조리기구 메이커의 의견

⑤ 현행 사업주변 : 기존제품의 주변 상품, 브랜드의 활용, 연구개발 성과의 활용, 유통 및 물류 채널의 활용, 원료의 활용, 기술의 활용, 설비의 활용, 요원의 활용, 과거 개발품의 부활, 기존제품 컨셉의 조합 및 분리

⑥ 기술정보 : 신소재, 신원료, 신포장재의 정보, 신기술 및 신생산 공정의 정보, 자사 기술의 잠재력 착안

아이디어의 수집은 영역을 압축하여 나중에는 여러 가지 관점으로 부터 자유롭게 가능한 많이 만들 수 있도록 신경을 쓴다. 처음부터 평가에 들어가면 아이디어의 생성은 위축되어 줄어들어 버릴 것이다.

아이디어의 발상법에는 여러 가지 방법이 있지만, 여기에 대해서는 전문서적을 참고하는 것이 좋다. 나는 아이디어의 발상은 기술론 이전에 각자의 감성에 의한 것이라고 생각하고 있다. 감성도 또한 식품과 식생활에 대한 관심과 지식에 의하여 연마되는 것이다.

(2) 아이디어의 선택

아이디어의 평가 및 선정은 아이디어의 생성과 수집 이상으로 중요하다. 아이디어의 생성은 지혜를 짜내는 정열이 필요하지만, 그 선택은 사업 성공의 가능성과 기술적 실현의 가능성을 평가하는 냉정한 판단이 필요하다.

아이디어를 하나의 컨셉으로 올려놓는 일은 어렵다는 것을 인식하지 않으면 안 된다. 수집된 아이디어는 문자 그대로 옥석이 뒤섞여 있다. 이것들을 원석이라고 생각하여 활용할 수 있도록 충분히 닦아서 마무리하는 것이 중요하다.

범하기 쉬운 실수로는 좋은 아이디어라고 굳게 믿으면 거기에 도취해 버려서 냉정한 판단을 할 수 없게 된다. 또한 사내의 요구 (needs)에 압도되면 아이디어의 빈곤에 눈이 멀어 평가를 소홀히 하여 간단하게 다음 단계로 진행해 버리는 경우가 있다. 그리고선 흠결을 확대시켜 버린다.

앞에 서술한 내용으로 생성된 아이디어는 우선 Hard한 면(제품의 기능, 특성, 제법)과 Soft한 면(소비자 또는 사용자, TPO, 먹는 방법)에 대하여 명확히 하여 다음의 ①에 나타낸 항목에 대하여 검사하고 신제품의 후보로 선정한다. 아이디어에 대하여 어느 정도 범위를 좁

혀서 압축한 단계에서 ②에 관련하는 타사 제품의 조사 및 평가를
실시한다. 이것도 선정의 방법이다. 그것은 ①에 나타낸 시장 특성에
는 타사 제품의 존재가 큰 영향을 주기 때문이다.

① 아이디어 선택의 기준

*   시장 특성 : 요구(needs)의 명확성
             시장의 예측(시장의 크기, 성장률, life-cycle)
             시장 점유의 가능성
             참여의 난이도

*   자사 특성 : 사업전략과의 일치성
             시장에서의 정체성(브랜드 이미지)
             타제품/사업으로의 발전성
             기술적 우위 및 기술의 발전성
             자사 자원(사람, 자원, 자금)의 활용성
             관련 시장에서의 생산과 판매의 경험
             개발 소요기간

② 타사 제품의 조사 및 평가

*   조사항목 : 컨셉(세일즈 포인트)
             품목
             제품의 형태·성상
             가격
             유통(소비)기한
             유통과 판매조건

*   평가항목 : 아이디어의 구매욕 유발에 중점을 둔 각종 기능의 평
             가[식미, 사용성(조리시간, 사용 용이성), 보존성 등]

여기에서는 관련 상품, 가능하면 아이디어를 구현한 시작품(실제 제품과는 성상 등의 괴리가 있어도 기능을 평가할 수 있도록 한 시작품)을 만들어서 사용 및 시식 평가를 포함하여 아이디어의 이미지를 구체화한 모양으로 검사를 수행하는 것이 바람직하다.

2) 제품 컨셉의 책정

선정한 아이디어에 관하여 개발할 제품의 정체성을 명확히 하기 위하여 제품 컨셉(concept)을 작성한다. 제품 컨셉은 '기본 컨셉', '제품 포지셔닝', '제품설계'로 구성한다. 제품 컨셉의 작성은 신제품 개발에 있어서는 가장 중요한 과정이다.

전술한 것과 같이 신제품 개발의 실패는 컨셉 작성의 실패에 의한

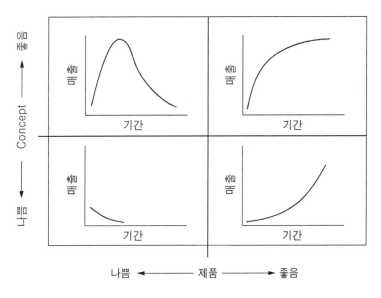

그림 3-3. 매출 추이의 패턴에서 보는 제품 및 Concept의 평가

경우가 많다. 시험구매는 상품 컨셉에서부터 촉발되며, 반복구입은
제품력에 의한다고 말해지고 있다. 컨셉의 좋고·나쁨, 제품의 좋고
·나쁨, 각각의 경우의 매출 추이를 그래프로 나타낸 것이 그림 3-3
이다.

소비자가 신제품을 구입하는 동기는 사전에 사용한 결과에 의한
것은 드물고 광고나 카탈로그 등「언어, 문자」에 의한 상품의 특성을
알고, 감성적으로 어울리고, 지적 만족을 얻는 것을 고른다. 즉, 컨셉
에 의한 소비자의 취사선택이 행해진다.

재구입은 제품의 특성을 평가한 결과로 행해진다. 그러나 소비자
(사용자)가 전체 상품의 성능을 비교하고 평가하는 것은 불가능하다.
가격과 가치(price and value)가 가장 우수한 상품을 만들면 모든 사
람이 그것을 구입한다고 하는 것은 아니다. 먼저 시험구매가 되는 것
인가 아닌가는 신제품의 성공·실패의 분기점이다. 제품을 구매하고
싶어하도록 하는 점을 명확히 전달하는 것이 중요하다.

많은 종류의 상품이 넘쳐나는 상황에서는 비록 좋은 제품이라 할
지라도 그림 3-3의 우측 하단의 그림처럼 서서히 매출을 늘려서 최
종적으로 성공하는 데는 한정이 없다. 상품이 떠오르는데 실패하면
그 상품의 좋은 점을 소비자가 이해하기 전에 매장으로부터 사라질
운명을 겪을 것이다. 내 경험으로는 컨셉의 완성·미완성과 신제품
개발의 성공·실패에는 상관관계에 있다고 생각한다.

컨셉은 회사내에서는 신제품 개발의 기준이다. 그리고 사내는 말할
것도 없이 취급점과 사용자에게 설명 또는 광고의 기준이기도 하다.

(1) 기본 컨셉

개발하고자 하는 제품의 주요한 제품 속성(맛의 특성, 기능, 제품
형태)과 사용자에 있어서 중요한 이점(편리성, 장점, benefit)이 기본

컨셉의 요소이다.

기본 컨셉 = 제품 속성 + 이점(benefit)

기본 컨셉은 누구나 이해하기 쉽도록 평이하고 간결하게 3～4행의 문장으로 표현한다. 그리고 제품의 특징(CBP ; core benefit proposition 또는 USP ; unique selling proposition 이라 부름)이 명확하게 표현되지 않으면 안 된다. 알기 쉽게 말하면 세일즈 포인트(sales point)를 확실히 하도록 하는 것이다.

기본 컨셉의 작성은 최초에는 제품 속성 및 이점을 적출하여 조목별로 작성하여 본다. 그 다음에 그것을 문장화하면 좋다.

기본 컨셉을 작성할 때 어려운 점은 식품에 불가결한 식미(食味) 특성의 표현이다. 「정선된」 원료, 「당사 독자의 기술로」 제조라고 하는 표현은 단순하고 습관적인 수식어로서 영향이나 효과가 별로 없으며 정보성도 없다. 음식맛의 표현을 연구해야 할 때이다.

기본 컨셉 특히, 소비자 이점은 논리성만으로는 안 되고 정서적인 것도 필요하다. 왜냐하면 컨셉은 소비자(사용자)의 감성에 호소하는 것이기 때문이다.

기본 컨셉은 읽어 보아 억지로 끼워 맞추었거나, 무리한 표현이거나, 의미의 불명확 등이 느껴지게 되는 것은 발상에 무리가 있다고 생각하여도 좋다. 그와 같은 것은 출시하여도 결국은 시장에서 받아들여지지 않게 될 것이다. 다시 한번 구상을 재정립하는 편이 좋다.

(2) 제품 포지셔닝

관련되거나 경합하는 기존상품과 비교하여 자사의 신제품이 소비자에게 어떻게 이해되고, 어떻게 선택하여지길 바라는지 자리매김하는 것이다. 바꿔 말하면, 판매를 상정하고 있는 시장에서 경합제품의 브랜드 수준과 어떤 점에서 차별화할 것인가를 규정하는 것이다.

포지션을 만들기 위해서는 다음 사항을 이해하여 두는 것이 필요하다.

① 소비자가 해당 카테고리의 상품을 어떤 형태로 이미지화할 것인가.

② 소비자가 품고 있는 다수의 이미지 중에서 선호나 선택의 점에서 무엇이 중요한가.

③ 소비자에 의하여 또 경우에 따라서 포지셔닝이 변동하는가.

이들을 위해서는 정확한 조사법으로 Perception-Map[5]의 작성이라고 하는 방법이 있지만 조사 규모가 커지게 된다. 간단한 방법으로는 10~30명의 소비자에 의한 그룹 인터뷰(group interview)[주]도 가능하다. 그것도 어렵다고 하면 담당자의 경험과 직감으로 선호 및 선택의 축을 정하지 않으면 안 된다. 이렇게 하는 것은 위험하다고 말할 수도 있지만 숙련자의 직관은 그런 대로 적중하는 편이다.

개발할 상품을 구매욕 유발 기능을 축으로 지도를 작성(mapping, 통상은 2개 축의 matrix로 도시한다)하여 기존상품의 포지셔닝과 명확히 차별되고 있는 것(지도에서 거리가 떨어져 있는)을 확인한다.

[주] Group Interview : 제3자의 의견을 청취함으로써 평가를 받는 방법 중의 하나. 한 개의 group당 10명 이하의 panel로 주제를 제시하여 자유롭게 토의하여 얻는 것, panel의 의견을 청취하는 방법이다.

(3) 제품설계

신제품에 필요한 각종의 사항을 일괄하여 규정한다. 각 항목은 상호 밀접하게 관계되어 있어서 상호 모순이 없도록 조정한다. 설정해야 할 항목은 표 3-2에 나타내었다.

표 3-2. 제품설계의 항목

항 목	정의 및 유의점
① 품 명	제품영역을 나타낸다 - 일반명칭 신영역의 개척에는 용도 등 CBP를 전달하도록 명칭을 개발한다. • 사회통념 또는 법률에 의해 정해져 있는지, 또는 제약이 없는지를 확인한다.
② Brand	제품의 컨셉을 표시하고 제품의 보증 및 보호에 사용되는 명칭 • 기존제품의 brand 활용이 옳지 않을 수 있다. • 제품의 특징을 전달한다. • 읽기 쉽고, 말하기 쉽고, 듣기 쉽고, 이해하기 쉽다. • 시대풍조(유행성), 상품 이미지 • 당사다움(통일된 이미지)
③ 분류 및 규격	법률에 의해 규제하는 분류, 없는 경우는 일반식품으로서 취급하거나 사내 분류에 따른다.
④ 대상소비자	주로 소비하는 소비자 층 • 인구 통계적 요인, 식 행동 및 의식으로부터 세분화한다. • 특히 세분화할 수 없는 경우도 판촉 및 광고전략상 중점을 두는 소비자의 설정은 필요
⑤ 용 도	소재형 제품의 경우는 구매욕 유발의 용도를 명확히 한다.
⑥ 사용 실태 및 용도	TPO(time, place, occasion)의 경우와 용도의 경우가 있다.
⑦ 품종수	내용물, 포장량 종류의 수 • 시장의 성숙도, 시장규모, 매장에서의 영향, 소비자의 needs, 경합, cannibalization 등으로 정한다.
⑧ 품 질	강조해야 할 식미의 특징

(계속)

항 목	정의 및 유의점
⑨ 기 능	강조해야 할 먹거리로서의 1~3차 기능
⑩ 내용물 형상	액체 또는 고체, 신선제품, 냉동제품, 건조제품 등
⑪ 질량 및 용량	포장단위 • 1회당 사용량, 사용빈도, shelf life, 판매가격 등에 의해 설정
⑫ 포장형태	봉지(자루), 병, 금속관 등 포장사양의 개요 • 사용 용이성, 보존성, 제품 이미지, 진열효과, 진열 용이성, 포재료·포장·수송에 대한 cost에 의해 설정
⑬ 보관 및 유통조건	상온, 저온, 냉동, 무산소, 암소 등
⑭ Shelf Life	제품의 특성, 유통의 사정 등에서 목표 유효(소비) 기간을 설정
⑮ 표준소매가격	• 목표치를 설정
⑯ 이익률	• 목표치를 설정
⑰ 제조상의 특기사항	법규 등 규제가 있는 경우나 기업의 방침으로 규제를 원재료 및 공정에 설정하는 경우는 특기(特記)한다.
⑱ 표시상의 특기사항	법규 등의 규제, 기존 제품군과 다른 표시가 있는 경우는 특기(特記)한다.

컨셉 작성단계에서는 정할 수 없는 항목이 나타나는 일이 있다. 그런 것은 프로토타입(prototype) 작성시까지 결정하면 좋다.

(4) 컨셉의 검증

컨셉을 작성한다면 그것이 소비자의 요구를 정확하게 파악하고 있는지를 검증하지 않으면 안 된다. 상정하고 있는 대상목표에 해당하는 사람을 패널로 선정하고 평가받는 것이 이상적이지만, 불가능한 경우는 사내 패널 또는 개발 관계자의 평가를 받아서 틀림이 없음을 반드시 확인한다.

아이디어 단계에서는 시장에서 요구한다고 하였던 것이지만 소비자의 입장에서 깊게 고려한 후 구체적으로 컨셉을 구성하여 보면 실제로는 필요치 않는 것이 있다.

컨셉의 조사는 서면으로(필요하면 그림을 첨부하여) 표시판에 제시하고 사용의향, 구입의향의 유무 및 그 이유를 대면하여 청취하는 방법을 취하는 경우가 많다.

또한 작성한 컨셉은 개발 도중에 소비자의 평가나 개발상의 사정으로 변경하지 않을 수 없는 경우도 있다. 컨셉은 변경될 수 없는 것이라고 경직적으로 생각할 필요는 없지만, 수정할 경우는 신중하고 공개적으로 하는 것이 중요하다.

(5) 컨셉의 작성 예

꽤 오래 전의 것이지만 저자가 개발에 참여했던 중화조미료 「Cook Do」(아지노모도 주식회사, 이하 A사라 칭함)를 예로 들어 컨셉의 작성법을 기술하고자 한다. 예전의 일이고 현재는 갖고 있는 자료가 없기 때문에 정확하지는 않으나 하나의 사례로서 기억을 더듬어 그 개요를 소개한다.

「Cook Do」의 기본 컨셉은 다음과 같다.

"중화요리에 사용되고 있는 두판장(豆板醬), 굴소스, 豆豉(두시, 타우시 소스) 등을 합하여 레토르트 살균한 식단별 조미료의 시리즈이다. 고기·야채 등의 재료를 기름에 볶아서 이것을 곁들이는 것만으로도 전문점의 맛을 가정에서 즐길 수 있다."

기본 컨셉은 저자가 여기에서 시험 제작한 것이지만 그와 같은 취지로 기억하고 있다.

이 상품의 개발과정에 대하여 설명하면 다음과 같다.

(ⅰ) 배경

개발당시(1975년)는 고도성장의 성과가 나타나는 시기로 경제력과 생활수준의 향상이 현저하였다. 일본의 산업계에서는 구매욕을 불러 일으키는 신제품이 계속하여 출시되고 있었다. 그러나 식품산업에서는 대체적으로 상품들이 구비되어진 시기로 성장이 둔화된 상태에 있었다.

이런 상황에서 A사에서는 기업의 입장에서 식품업계의 위치를 유지하기 위한 매출의 확대가 필요하였다. 그리고 조미료 사업 중에서 50~100억 엔대의 매출을 올릴 수 있는 신제품을 기대하였다.

A사 식품개발연구소는 기업 자체의 요구(needs)가 나타나기 이전부터 이미 당시를 식품사업의 전환기로 잡아서 금후의 사업방향을 검토하는 Working Group 활동이 약간의 연구원 중심으로 행해지고 있었다. 그 중 하나로 「조미료 검토회」가 있었다. 그것이 향후의 '조미료의 방향'이라고 하여 제안한 테마의 하나인데, 간편성을 내세운 「용도별 조미료」 즉, 「○○の素」, 「○○のたれ」와 같은 분야로의 참여이다.

이것을 개발기획담당부문에 제안하는 것으로부터 사업부와 연구소 공동의 프로젝트 팀에서 상품화에 대한 구체적인 검토에 들어갔다.

(ⅱ) 시장환경

㉮ 조미료의 동향

• 기본적인 조미료의 판매량은 성숙·정체
• "○○の素", "○○のたれ"가 신장(대표: 불고기 양념)

㉯ 주부의 조리 실태

• 저녁식사의 메뉴 수는 증가 경향
• 조리시간은 단축 경향
• 가공식품의 이용은 증가

㉰ 주부의 조리 의식

• 손으로 만드는 요리를 중시한다.
• 메뉴를 다양하게 늘리길 원한다.
• 조리시간을 단축하고 싶어한다.

이 결과로부터 「조리의 합리화와 손으로 만드는 즐거움을 생각한 용도별 조미료」로 제품영역을 설정하였다.

(iii) 기본전략

• A사의 입장에서는 신시장으로의 참여
• 기존제품과의 품질수준의 차별화
• 신제품의 자체개발

(iv) 제품영역의 설정

㉮ "○○の素", "○○のたれ"류의 조사

• 시판제품의 List up
• 제조자, 판매량, 동향 등
• 제품특성의 평가

㉯ 「중화요리용 조미료」개발의 가설(내용은 생략)

• 기존제품의 상품으로서의 완성도, 경합관계를 검토
• 시장규모 및 성장성을 예측

㉣ 가설의 검증(소비자의 group interview를 실시)

〈 중화요리의 취식실태 〉

• 외식의 경험은 풍부
• 가정에서의 메뉴의 종류, 출현빈도는 적음

〈 중화요리의 기호 〉

• 친숙해지기 쉽다.
• 가족 모두가 좋아한다.
• 영양이 있다.

〈 중화요리에 대하는 의식 〉

• 가정내 식사로서 메뉴를 늘리고 싶다.
• 만드는 것이 어렵다 → 조리는 간단하나 조미가 어렵다.

(ⅴ) 컨셉의 작성

㉮ 기본 컨셉의 요소

〈 제품 속성 〉

① 중화요리 식단별 전용 조미료
② 중화요리용 조미료를 혼합한 전문점의 맛
③ 조리가 간단
④ 장기보존이 가능
⑤ 1회로 사용제한

〈 소비자 이익(benefit) 〉

① 본격적인 요리를 가정에서 즐길 수 있다.
② 메뉴 종류가 증가한다.
③ 손으로 만드는 느낌이 난다.
④ 조미료의 낭비가 없다.

⑤ 조리의 실패가 없다.

㉯ 경합 제품과의 차별화(positioning)

경합제품은 B사와 C사의 마파두부(기계로 저민 고기와 양파가 들어감), D사의 중화조미료 시리즈로 설정하여 group-interview의 결과에 의하여 선호의 축을 ㉮의 〈 소비자 이익(benefit) 〉 ① 및 ②의 두 축으로 포지셔닝하여 목표로 하는 차별화 포지셔닝을 정하였다(그림 3-4).

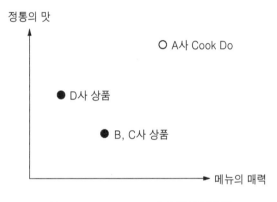

그림 3-4. Cook Do의 차별화 방향

㉰ 제품설계의 포인트

〈 품목의 선정 〉

저녁식사의 주요 부식이 되는 것으로 대중적인 품목과 요리점의 인기메뉴를 혼합했다.

• 대중적인 메뉴: 마파두부, 팔보채, 탕수육

- 요리점의 인기메뉴 : 靑椒肉絲(고추채+고기채볶음),
  干燒蝦仁(새우요리), 回鍋肉(片, 돼지고기볶음요리)

〈 포장디자인 〉

탈 인스턴트 느낌을 부여하는 것으로 소비자의 감각을 자극하여 구매욕을 유발시키는 디자인으로 하였다(이 점에서도 당시의 타사 제품의 포장과 차별화를 꾀하였다).

경합제품과 비교하여 설계상의 문제점은 ① 간편성(타사와 같이 고기와 양념을 첨가할 것인가)과 ② 가격(타사에 비교하여 비싸다)의 두 가지 점이었다. 이 점에 대하여는 프로토타입(다음에 설명됨)에 관한 소비자의 평가를 받아서, ①에 대해서는 재료의 가정으로의 입수성과 제품의 보존성을 고려한 결과 오직 조미료 뿐인 것으로 결정하였다. ②에 대해서는 품질의 차별화를 소비자로부터 평가를 받았기 때문에 고급품으로서의 가격차를 두었다.

3) 개발계획의 작성

제품 컨셉을 작성하게 되면 개발 기본방침, 제품 컨셉과 일치시켜서 향후의 개발작업의 전개방향을 명확히 하여 개발계획서를 작성하고 사내의 승인을 받는다.

신제품 개발은 경영의 선행투자가 필요하고 또한 최종적으로는 많은 부문이 계획에 참여하기 때문에 전사적으로 동의를 얻는 것이 중요하다. 판매담당자에게 설명하고 의견을 청취하여 합의를 얻는 것도 매우 중요하다. 개발에 관한 정보전달(기밀보호를 배려한다고 하여도)은 판매담당자의 사기를 진작시킨다.

개발 기본계획은 다음과 같은 항목에 대하여 검토한다.

① 개발의 배경

- 사회 · 경제 · 기술환경
- 시장의 크기와 성숙도
- 시장에서 당사의 경쟁상의 위치
- 대상 소비자의 관련 제품의 지각, 선호, 구매행동
- 당사의 자원 및 정책

② 개발의 의의 및 목적
③ 개발 기본전략
④ 제품 컨셉
- 기본 컨셉
- 제품 포지셔닝
- 제품설계

⑤ 판매 및 이익 목표 : 중장기(3～5년) 판매예정(예상 손익계산), 시장점유
⑥ 마케팅 구상
- 광고 : 광고목표(지명도), 미디어
- 유통판매 : 판매선(업종, 지역), 채널, 취급 점포수 목표

⑦ 생산구상 : 생산체제(장소), 기술도입 또는 제휴, 투자금액, 요원
⑧ 개발부문(담당자) : 주담당부문과 지원부문의 역할 분담
⑨ 스케줄 구상 : 개발의 수순, 출시 시기

　개발계획이 승인되어 개발작업 단계에 들어가면 마케팅 담당과 연구개발 담당은 각자 그림 3-1의 신제품 개발의 절차에 따라 마케팅 계획부터 생산, 판매계획의 책정과 시험제작, 양산시작, 제조 사양서의 작성을 실시한다. 시험제작과 양산시작에 대해서는 제4장에서 기술한다.

그 외 원재료의 구입, 엔지니어링, 포장, 포장디자인, 광고 등 타 부문이 관계하게 된다. 개발에 참여 의뢰는 의뢰서를 발행하여 의뢰 및 수리를 명확히 한다.

개발 기본계획에 의하여 연구개발 부문의 역할, 참여방식 및 참여 단계는 변하지만 이 단계부터 참가하는 경우에는 당연히 여기에서 기획부문으로부터 개발의뢰를 받아들인 것이 된다.

4장. 신제품의 시험제작과 공업화

1. 시험제작과 공업화의 과정

신제품의 시험제작 및 공업화는 개발계획서에 의해서 신제품을 물건으로 구현하고 제조 사양서를 완성하는 것까지의 단계이다.

기존 제품을 개량하고 신품목을 개발(다양화)하는 경우는 컨셉 작성이 요구되지 않으므로 연구개발 부문은 기획담당 부문으로부터 개발의뢰를 받아서 통상 이 단계부터 계획에 참여하게 된다. 의뢰절차도 전사적으로 결정하는 것이 좋다.

시험제작 및 공업화의 과정은 그림 4-1에 나타낸 바와 같이 시험제작 연구단계, 개발연구(공업화 검토) 단계, 양산시작(공업화) 단계로 구분한다. 그림에서 평가에 대해서는 생략되었지만, 시험제작의 시스템은 평가 시스템이라고도 말하여지므로 각 단계에 대한 적절한 평가(판단)를 하여야 한다.

이것을 실행하는데 심리적인 면에서 다음과 같은 세 가지의 준비가 요망된다. 첫째, 제품은 자신의 작품이라고 하는 긍지를 가지고 소비자(고객)에게 기쁨을 주는 것을 만들고자 노력하는 것이고, 둘째는 신제품 개발은 목적으로 하는 제품고유의 제조기술 뿐만 아니라 공학기술, 포장기술, 보존기술, 품질관리기술의 지원이 불가결하기 때문에 부문간(혹은 담당자간)의 제휴를 중요시 하는 것, 셋째는 상품

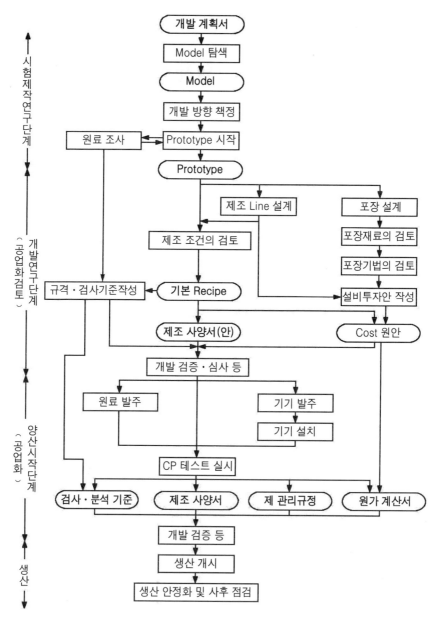

그림 4-1. 신제품의 시험제작 및 공업화 과정

개발은 출시 시점이 있기 때문에 시간 제약이 있는 업무가 있다는 점을 인식하고 진척을 스스로 관리하는 일이다.

첫째의 것은 정신적인 문제이나 둘째, 셋째 사항을 위해서는 스케줄을 작성한다. 의뢰서를 수리한 시점에서는 대충적인 것으로도 좋지만, 「개발방향의 책정」단계에서는 수정하여 정확한 것이 되도록 한다. 타 부문과의 제휴를 원활히 하기 위해서는 각 담당업무의 개발 스케줄을 알기 쉽게 항목별로 도식화 한다. 그리고 관계자 간에는 공개하는 것이 필요하다. 도식화에는 겐트차트(gantt chart)나 애로우-다이아그램(arrow diagram) 등이 있다[주].

더구나 스케줄의 작성에서는 일부 항목의 실시 시기를 필요에 따라 바꾸어 하는 것도 좋다. 예를 들면 원료를 광고하는 컨셉의 경우에서는 원료의 입수 가능성 확인을 컨셉 작성단계에서 확인하는 경우가 있다. 컨셉을 작성하기 위하여 모델(model)의 작성을 아이디어 탐색단계에서 행하는 경우도 있다. 그러나 실시하지 않으면 안 될 일을 먼저 연기하는 일은 극력 피해야 한다.

[주] 참고도서: 管理と改善に役立つ-圖表와 Graph(石原, 五影, 細谷, 日科技連刊)

2. 모델의 탐색

1) 모델의 작성

시험제작 연구단계에서 최초로 하는 일은 최종제품의 이미지가 전달되는 대상을 시험제작하는 일이다. 이 대상을 **모델**(model)이라 부른다. 컨셉은 추상적인 문자이기 때문에 그 의미하는 바를 구체적인 대상으로 나타내어 보지 않으면 실제의 것은 판단되지 않으므로 이 단계에서는 기본 컨셉으로 결정된 신제품의 속성, 소비자의 이점(be-nefit)을 물건에 표시하여 컨셉이 수용되는 것을 확인하는 것이 필요하다. 또한, 문자로는 좋다고 하더라도 물건으로 보면 의외로 시시한 경우가 있기 때문에 우선 물건으로 확인하는 것이 좋다. 이를 위하여 모델을 작성한다.

모델을 작성할 때는 원료, 제조법, 비용에 구애되지 말고 기본 컨셉에 합치되는 최고의 것을 시험제작 되도록 신경을 써야 한다.

처음부터 사소한 것에 얽매이지 말고 대범하게 소비자(사용자)가 흔쾌히 받아들일 수 있는 제품을 만든다는 각오로 우선 일에 맞추는 것이 중요하다.

개발작업에서는 앞을 내다보고 착지점을 많이 예상하게 되는데, 불필요한 것 같아도 자기 자신의 이미지대로 이상적인 것을 만드는 일이다.

생산 시점에서 원료의 구입성, 설비와 작업을 포함한 제조기술, 비용 등에 문제가 예상되더라도 그것은 다음의 시작품(試作品, 기본형) 작성 이후의 단계에서 어떻게 기술적으로 연구를 할 것인가, 타협점을 찾을까를 생각하면 좋다.

프로토타입(prototype, 기본형, 원형, 시작품), 즉 기본타입을 개발하는 도중에 소비자의 평가 등으로부터 만족할 수 없는 결과가 나온 경우에는 당연히 제조법(recipe)의 개량이 필요한데, 그 때에 평가결과로부터 쌓아올리려 하는 것보다 방향성을 나타내는 모델을 원점에서 개량을 실시하는 편이 원만하고 동시에 정확히 실시할 수 있다.

모델의 아이디어 및 힌트는 다음과 같은 곳에서 얻어진다.

① 자사의 기존제품이나 축적된 기술
② 요리 전문가에 의한 시작품과 제조법 정보, 먹거리 직접조사
③ 요리 서적, 식품제조(가공)학 문헌, 인터넷 정보

④ 타사 유사제품, 다른 카테고리 상품

대부분의 식품의 기원이 요리에서 출발하고 있기 때문에 즉석식품, 조리제품의 경우는 그 중에서도 특히 전문가에 의한 요리제품의 시험제작은 효과가 있다.

복수(複數)의 품목을 개발하는 경우는 당연히 매 품목마다 모델을 작성한다.

2) 모델의 평가

컨셉 작성단계에서 각 담당자가 상상한 것이 시작품에 구현되어 있는가를 확인한다. 그것을 위하여 컨셉 작성 담당자 내에서 group-interview 형식에 의한 개요(profile)를 작성한다. 그리고 컨셉을 적절하게 구현한 것을 모델로 결정한다. 해당되는 것이 없을 경우에는 모델 작성을 계속하지만, 기술적으로 곤란하다고 생각되면 컨셉 작성 단계로 되돌아가서 수정을 검토한다.

평가의 포인트는 다음과 같다.

① 외관(外觀), 식미(食味)의 유형과 특징, 식미(향, 풍미, 맛)는 좋은가. 식미는 제품의 중요한 포인트이면서 동시에 문장으로 표현할 수 없는 미묘한 것이다. 대상을 통하여 논의하고 식미의 특징을 결정한다.

② 기본 컨셉을 표현하고 있는가. 제품의 속성과 이점(benefit)을 소비자가 지각할 수 있는 대상인가를 확인한다.

③ 포지셔닝(positoning)은 취해지고 있는가. 구매욕을 유발하는 점에서 기존제품과 차별화하고 있는가를 확인한다.

개발품목이 복수인 경우에는 이 단계에서 품목 구성에 관한 것도 검토하고, 후보품목의 범위를 좁혀 나간다. 더구나 이 단계에는 제조기술면에서부터 제품화가 의문시 되는 것도 포함되는데, 후보품목은 개발 예정품목 수보다 1～3품목 많게 하여 두면 좋다.

3. 제조법(recipe) 개발방향의 책정

컨셉(상품설계), 모델의 특성에 기초를 둔 개발방향을 책정하고, 각 업무의 담당부문 및 담당자, 일정계획을 결정하여 **시작계획서**(試作計劃書)를 작성한다.

효율적으로 책정하는 데는 절차에 따른 순서보다 중요한 과제부터 결정한다. 밑에서부터 소급하는 것이 좋은 경우가 많다. 생산체제(생산장소, 기술제휴)에 대하여는 개발계획을 작성하는 단계에서 논의하는 것이 원래의 방식이지만, 수정이 필요한 경우도 있기 때문에 그것도 포함하여 제조법(recipe)의 개발방향을 책정하는 순서는 다음과 같다.

(1) **생산장소**를 설정한다.

① 생산은 자사공장에서 할 것인지 또는 위탁(일부 위탁 포함)을 하는가.

② 자사공장의 경우는 생산시설을 신(증)설해야 하는지 또는 기존 시설을 이용하는지.

③ 위탁의 경우 위탁처는 상정하고 있는지 또는 제조공정에 합해서 선정하는가.

즉시 결정하는 것이 곤란한 경우는 언제까지 결정할 것인가를 명확히 한다. 생산시설을 증설하는 경우는 별도로 건물의 건설을 검토하는 업무가 필요하지만 여기에서는 생략한다.

(2) **기술 제휴**를 하는 경우는 제휴처의 역할 기대를 명확히 한다.

(3) **제조설비**는 증설하는가, 기존설비를 이용할 것인가를 선택한다.

(4) **가공공정**은

① 원료배합 지향(가공품 원료의 blend(혼합)가 주체)

② 가공공정 지향(1차 산물로부터의 가공 및 제조가 주체)

③ 절충 지향(일부를 1차 산물부터의 가공 및 제조)

　이들 중 어느 것이든 선택한다.

(5) **원료**의 선정범위를 결정한다.

컨셉상의 제약, 가공공정, 공정의 라인화와의 연관성으로부터 가공도를 결정한다.

(6) **원가**, 특히 **내용물 원료비용**의 목표를 정한다.

(7) **기술적 과제**를 해결하는 구체적 대책을 세운다.

컨셉을 만족시키기 위한 기술적 과제를 명확히 한다. 이것에 대해서는 **특성요인도**^(주)를 만들어 문제점과 검토사항을 명확히 하는 것이 좋다. 과제의 난이도로부터 recipe 개발과 별도로 하여 검토하는 편이 좋은 경우가 있다.

(8) **일정표**(schedule)의 수정 및 재확인

개발계획의 일정표대로 실시가 곤란한 경우는 일정의 수정도 있을 수 있다. 되도록이면 부분수정에 그치고 전체 일정에 영향이 없도록

---

^(주) 특성요인도(特性要因圖)는 공장에 있어서의 불량퇴치 및 능률향상 등 공정관리 및 개선을 위하여 품질관리에 사용되고 있는 물고기의 뼈와 같은 도식인데, 신제품 개발에 관해서도 계획단계에서 위험의 예지와 과제를 명확히 하기 위하여 특성요인도를 이용하는 것은 효과적이다.

배려한다.

 ※ 참고도서 : 管理と改善に役立つ-圖表와 Graph(石原, 五影, 細谷, 日
   科技連刊)

4. 프로토타입의 개발

프로토타입(prototype, 원형, 기본형, 시작품)은 실험실 수준에서
작성한 시작품(試作品, Lab-시작품)의 결정판을 말한다. 프로토타입
의 작성 목표는 실험실 규모로 제품 내용물의 제조법(recipe)을 완성
하는 것이다.

프로토타입의 작성은 상품설계에 기초하여 상기 「3. 제조법 개발방
향의 책정」에서 정한 방향에 따라서 모델을 생산 가능한 형태로 조
정하여 원료, 배합, 제조방법을 명확히 한다.

프로토타입은 상품설계에 정해진 다음의 사항을 충족시키는 것을
만드는 것이 된다.

① 품종수
② 품질
③ 기능
④ 내용물 형태
⑤ 질량(이 단계에서는 일인분의 분량 또는 첨가량)
⑥ 보관조건
⑦ 보존기간
⑧ 내용물 원료비용

1) 프로토타입 제조법의 작성

이를 작성할 때는 다음 사항들에 유의한다.

(1) 원료와 제조공정이 법규 등에 의한 규제의 유무를 확인하고, 법규가 있는 경우에는 이를 준수한다.

(2) 원료의 선정 및 배합은 전항 ②~⑧이 상호 관계가 있기 때문에 모델의 식미(食味) 재현을 중심으로 포괄적으로 검토한다.

(3) 식미(食味) 이외에 보존기간에 관계하는 다음의 사항에 유의하여 검토한다.

① 공정 및 유통과정에서 발생 가능성이 있는 화학적, 물리적, 효소적, 미생물적 위해 및 변화의 유무를 확인한다.

〈 화학적 변화 〉
• 유지 산화
• 아미노-카보닐 반응에 의한 갈변
• 엽록소의 퇴색 등

〈 물리적 변화 〉
• 흡습에 의한 고결, 용융
• 에멀션의 파괴
• 전분의 노화 등

〈 미생물적 변화 〉
• 부패
• 외관의 손상(곰팡이, 효모) 등

〈 효소적 변화 〉
• 핵산계 조미료(nucleotide)의 분해
• 이취 발생(야채 등)

• 전분 분해(점도 저하) 등

이와 같은 여러 가지 변화에 대해서는 제5장에서 다시 설명된다. 제품의 보존기간은 사용원료, 시작품의 수분, 수분활성도(A_w), 직접 환원당량 등의 수치 및 가속보존실험[5장 2절 4) 참조]으로 예측하는 것이 필요하다.

② 위해 및 변화의 발생이 우려되는 경우는 원료배합의 변경, 첨가물의 사용, 제조공정에서의 배제, 포장사양에서의 대책을 정해야 한다.

2) 프로토타입의 제조공정 작성

제조공정 작성시 주의점은 다음과 같다.

(1) 시험제작 계획서(試作計劃書)에 기초하여 실제 생산에서의 제조 공정을 상정하여 검토한다.

(2) 실험실 수준의 시작품은 손으로 만들기 때문에 세밀한 작업공정을 넣을 수 있으나 실제 생산에 있어서의 작업은 대량처리, 기계화가 전제되므로 단순화를 고려한다.

(3) 각 공정의 물질수지, 온도 등의 조작조건을 명확히 한다(시간은 제조규모, 기종에 따라서 변동된다).

(4) 각 공정에서 얻어지는 중간제품, 제품의 성상(외관적, 관능적, 화학적, 물리적, 미생물적)을 명확히 한다.

3) 원료의 조사

프로토타입의 시험제작과 병행하여 구매부문과 공동으로 사용원료의 선정작업을 실시한다.

기술적 관점에서 원료에 대한 평가는 원료로서의 품질적성 이외에 제조자로부터 품질 보증서를 입수하여 다음 사항을 확인한다.

① 법규에 적합한 것

　　(식품위생법: 잔류농약, 동물약 및 기타 미량 화학물질의 양, 기능성 식품 및 유기농 식품 등 특수한 식품을 지향하는 경우는 그의 적합성)

② 품질의 안전성 면에서 문제가 없는 것

　　(발암성, 독성의 의심 유무)

③ 제조방법 면에서 문제가 없는 것

　　(제조에 사용하는 원료, 제조공정, 설비 등의 확인)

④ 품질이 안정되어 있는 것

　　(제조자의 규격 관리의 폭)

⑤ 보존성에 문제가 없는 것

　　(개봉 전후의 보관조건의 확인)

4) 프로토타입의 결정

실험실의 시험제작이 진척되어 담당자로서 만족할 만한 단계에 이르면 프로토타입을 시작(試作)하여 그 적성을 평가한다. 평가항목은 표 4-1과 같다.

평가 결과에 만족하거나 혹은 허용할 수 있는 정도라면 목표 소비자를 대상으로 컨셉의 수용성과 함께 Home Use Test(주)에 의한 평가를 받는 것도 좋다. 그것이 곤란한 경우는 대상 소비자에 가까운 사내 관계자에게 평가를 의뢰한다.

업무용 상품의 경우는 거래관계, 업계에 있어서의 영향력 등에서 특화한 사용자(user)에게 시료를 배포하여 평가를 받는 것도 좋다.

표 4-1. Prototype의 평가항목

항 목	내 용
1. 식미 평가	외관, 향, 맛, 식감의 기호에 대하여 사내 패널에 의한 관능검사
2. 사용성 평가	사용 manual의 타당성, 간편성, 사용성
3. 보존성 평가	화학적, 물리적, 미생물적 보존성의 촉진시험*
4. 원료 평가	입수성, 적법성, 안전성, 품질 안정성, 보존성
5. 제조공정 평가	기계화·자동화·line화성, 기존 설비의 이용성, 설비 투자의 계산
6. Cost 평가	내용물 원료비의 계산

* Prototype의 포장은 내용물을 넣을 수 있는 포장(단위포장)만으로 좋다. 포장재료에 대해서는 아직 검토되지 않았기 때문에 차단성이 높은 것에 충진한다.

Home Use Test를 포함한 프로토타입의 평가는 신제품의 개발에 있어서는 컨셉의 평가와 쌍벽을 이루는 중요한 관리점이다.

그러한 평가 결과에 만족한다면 시작품(試作品)을 프로토타입으로 결정한다. 그리고 개발 후보품목을 마케팅 담당부문과 협의하여 선정하고 다음 단계로 이행한다.

또 문제점이 있다면 상품설계를 포함하여 재검토를 실시한다. 만약 만족할 만한 결과를 얻을 수 있다는 전망이 서지 않는다면 컨셉 책정으로 되돌아가든지 개발 중지를 검토하지 않으면 안 된다.

(주) Home Use Test : 패널(panel, 검사요원)의 가정 등에 제품을 일주일 정도를 유치하고 시험적으로 사용하여 결과를 얻는데 식미, 사용성, 사용의향, 구매의향 등을 평가하여 얻는 시험 검사법임.

5. 기본 제조법의 개발

프로토타입의 제조법 및 제조 공정에 기초하여 공업화(scale-up)를 검토하고 제조기술과 포장기술을 확립한다. **기본 제조법**(recipe)이라 함은 생산에 기본이 되는 제조법을 의미한다.

공업화(scale-up)의 검토에는 내용물의 제조와 포장으로 나누어 검토한다. 이 절에서는 내용물의 제조에 대하여 설명하며, 포장은 다음 절에서 다루게 된다.

1) 제조기기의 검토

(1) 프로토타입의 제조 공정에 기초하여 각 공정에 사용하는 기기를 선정한다. 기능, 생산능력, 내구성, 판매 및 사용실적, 가격을 선정기준으로 한다.

(2) 각 기능의 사용적성을 조사한다.

- 기능, 능력 이외에 식품 제조용으로의 적성(재질의 안정성, 세정의 용이성)을 평가한다.

(3) 각 기기를 조합하여 라인화를 검토하고 필요한 설비 및 기기 일람표(machine list : 기기명칭, 기종, 제조자, 능력 등을 기입) 와 라인의 공정 흐름도(SFD, simple flow diagram : 기기를 기호화한 약도로 표시)를 작성한다.

- 기기의 능력(capacity)은 다음 공정에 알맞도록 넉넉하게 하는 것이 원칙이다.

- 라인화에는 직접 제조에 관계하는 기기 이외에 유틸리티 설비, 수송기기, 저장 탱크, 체, 밸브, 파이프, 계측기 등이 필요하다.

(4) 제조장소를 검토하여 **부설 배치도**(lay-out)를 결정하고 도시한
다.

(5) 다음 항에서 설명되는 내용물 제조를 위한 단위조작의 조건을
검토하는 것으로부터 기본 제조법을 확립하고, 신규설비 계획
안, 시설공사 계획안을 작성한다.

2) 내용물 제조를 위한 단위조작 조건의 검토

(1) 전항의 제조기기 검토에서 확정된 기기를 이용하여 공정에서
의 조작조건을 검토하고 제품의 형상, 식미, 외관 등으로부터
기기의 적성에 맞추어 최적의 조작조건을 정한다.

- 생산설비(CP, commercial plant)가 5톤, 10톤인 경우는 소형
의 시험설비(BP, bench plant : 0.1~1톤)에서 검토한다.
- 조작조건의 기본요소는 시간, 온도, 압력, 속도이다.
- 아울러 물질수지(material balance)를 산출한다.
- 원료배합을 수정하거나 기기의 추가 유무를 검증한다.

(2) 공업화(scale-up) 시작품(試作品)에 대하여 프로토타입과 비
교하여 차이 유무를 식별하고 평가한다. 평가항목은 ① 식미와
② 보존성이다. 변경된 원료가 있는 경우는 원료를 평가한다.
결과에 문제가 있는 경우는 기기와 조작조건으로 Feed-back
한다. 만족할 만한 결과가 얻어지면 그것을 기본 제조법으로
결정하고 다음 단계로 이행한다.

(3) 공정관리기준(안)을 작성한다.

- 다음 공정으로 이행하는 가부의 판정기준 : 신속하게 결과를
내는 항목으로 선정한다. 예를 들면, pH, Brix, 외관, 관능평가
등.

- 다음 회의 생산에 참고하기 위한 지표(특징, 표적)를 정함 : 완성도의 지표가 되는 항목을 선정한다. 예를 들면, 미생물수, 효소활성도, 물성치 등.

- 관리폭은 제품의 목표품질을 만족하는 범위 내에 들어오도록 설정한다(가규격치). 그리고 그것을 관리한계선(± 3σ, 표준 편차)에 오도록 하는 것이 필요하다. 공정능력지수(Cp 값)[주] 의 개념을 도입하여 문제가 있다고 예측되는 경우는 제조법 및 검사법을 재평가한다.

- 체류 허용시간, cut point(익일 이후에 다음 공정으로 이행하기 위하여 1일간 보관하는 공정)를 정한다.

- 기기의 고장 발생시 조치법을 책정한다.

- 불량품의 처리법을 책정한다.

[주] 그 공정의 편차를 나타내는 관리한계선과 규격치와의 관계를 나타내는 지수를 공정능력지수(Cp 값)라 한다.

Cp 값(공정능력지수) = (상한규격치, Su) - (하한규격치, Sl)/6σ

표 4-2. 공정능력 지수에 따른 관리 및 대응

공정능력 지수(Cp)	평 가	대 응
Cp ≧ 1.67	공정능력이 대단하다	관리의 간소화가 가능하다
1.67 > Cp ≧ 1.33	공정능력이 충분하다	적정한 상태에서 유지한다
1.33 > Cp ≧ 1.00	공정능력은 그럭저럭이다	필요에 따라서 관리법과 공정을 개선한다
1.00 > Cp	공정능력이 부족하다	불량품이 발생하기 때문에 공정개선을 한다

- 원료, 중간제품, 제품 로트와 제조이력 추적이 가능한 장치를 만든다(로트의 관리).

3) 규격 및 검사기준의 작성

(1) 전항의 내용물 제조의 단위조작 조건을 검토한 결과로부터 **원료 및 제품의 내용물규격(안)**을 작성한다.

(2) 규격항목은 내용물의 성상, 식미, 안전성에 관한 항목으로 구성되어 관능평가, 이화학적 특성치(pH, 식염농도 등 이화학적 검사에 의해 나타난 그 제품의 수치), 미생물 특성치(미생물의 수치, 예를 들면 대장균수)로 표현한다.

(3) **규격항목**은 원칙적으로는 출하시까지는 검사를 마칠 수 있는 항목으로 한정한다. 품질개선과 안전성의 재확인에 제공하기 위하여 체크하는 항목은 **분석항목**으로 하여 규격에서 제외한다.

(4) 규격치는 Cp 값(공정능력지수)에 기초하여 관리폭을 명확히 한다. 수치화할 수 없는 것은 검사시에 표준으로 하는 시료(**표준 시료**)는 물론이고, 가능하면 합격한계를 나타내는 시료(**한계 시료**)를 정한다.

- 관리폭은 수치화된 것은 생산을 원활히 실시하기 위하여 예전에는 평균치의 ± 3σ(표준편차)로 하는(합격률 99.7%) 일반적 통념이 있었으나, 현재에는 고객이 허용하는 품질 편차의 범위를 우선하여 결정하지 않으면 안 된다.

- 관능검사 항목의 관리폭은 기준을 명확히 해야만 한다. 기준치는 평점법으로 좋으나 그 점수가 의미하는 바를 명확히 정의해야 한다. 예를 들면, 「관능검사(n= 20위)로부터 5% 위험

률에서 유의차가 없는 것」 등. 이 단계에서는 추정하여 가설정
한다.

(5) **검사기준**과 **분석기준**은 검사 로트, 검사빈도, 샘플링법, 검사항
목, 검사법, 합격(불합격) 판정기준(분석항목에는 없음)으로
구성한다.

6. 포장의 검토

1) 포장의 계획

포장에는 공업적 기능과 사회적 기능, 상업적 기능이 필요하다(6장
참조).

포장설계는 컨셉의 상품설계에 따라서 포장재료, 포장기법을 검토
하고 포장사양을 책정한다(포장 디자인과 표시에 대해서도 동시에
병행하여 검토해야 하지만 상업적 기능에 대해서는 본장 「시험제작
과 공업화」에서 담당하는 영역 밖이기 때문에 여기에서는 생략한다).

포장설계는 식품의 내용물과 유통조건에 의해서 영향을 받으므로
마케팅, 제조, 포장담당 부문간에 충분한 협의가 필요하다.

2) 포장재료의 검토

포장재료의 종류와 요건의 요점은 다음과 같다.

(1) 포장재료는 상품설계에 따라서 요건을 만족하는 것으로 선정
한다. 그 때에는 포장기법도 동시에 결정할 필요가 있다(포장
재료, 포장기법 중 어느 것을 우선하는가는 경우에 따라 달라
진다).

(2) 내용물과 접촉하는 포장재료(단위포장)에 대하여는 내용물을 충진하고(충진한 후에 살균 등의 처리를 하는 경우는 그 처리를 행한다), 내용물의 보호성, 내용물 및 처리에 의한 포장재료의 변질에 대하여 검토한다.

(3) 그 다음에 보존실험을 수행하고 내용물 및 포장재료의 품질저하 유무를 확인한다. 그리고 문제가 있는 경우에는 포장재료의 변경 또는 내용물의 변경(Recipe 담당자와 협의)을 검토한다.

- 보존시험에는 ① 유통조건하, ② 촉진온도, ③ 광조사 시험 등이 있다. 상기의 (2)와 (3)에 관계하는 포장재료의 평가항목은 표 4-3에 나타낸 바와 같으며 내용물의 평가항목은 앞의 「4. 프로토타입의 개발」의 항을 참조하기 바란다.

(4) 내부포장, 외부포장은 진동과 외부의 충격으로부터 단위포장을 보호하는 것이 공업적인 주기능이다. 또한 단위포장의 표면보호 및 상호 접촉 방지를 꾀하는 역할도 있다. 위의 (3)항의 결과에 따라서 완충재, 방습재, 사절재(칸막이) 및 그 양식을 검토한다. 그러므로 포장자체의 안정성과 내용물 보호성의 평가가 필요하다. 단위포장(경우에 따라 모조품을 사용)과 내부포

표 4-3. 단위포장의 평가

항 목	내 용
외관관찰	변형, 변색, 박리, Pin hole, 정전기에 의한 더럽혀짐
강도시험	낙하시험, 압축시험, 수송(진동)시험
차단성시험	흡습, 산소투과, 광투과, 보향(내용물 향의 누설)
관능시험	내용물의 착향
사용성시험	개봉성, 중량감

장을 하여 낙하, 수송, 적재, 보존시험을 한다. 내부포장, 외부
포장의 평가항목은 표 4-4와 같다.

표 4-4. 내부포장 및 외부포장의 평가

시험항목	평가내용
보존시험	변형, 변색, 박리, 대전(정전기)
낙하시험	파손, 변형, 단위포장의 손상
수송시험	파손, 변형, 단위포장의 손상
적재시험	파손, 변형, 단위포장의 손상

표 4-5. 포장 사양서

분 류	항 목	내 용
단위포장	명칭 또는 형식	예) 평 pouch
	포장재료	재질, 형상, 치수
	인쇄 및 Label	유효(소비)기간, 제조일 표시형식, 인자위치, label 부착 위치
내부포장	명칭 또는 형식	예) 중간상자
	포장재료	재질, 형상, 치수
	인쇄 및 Label	유효(소비)기간, 제조일 표시형식, 인자위치, Label 부착 위치
외부포장	명칭 또는 형식	예) 골판지 상자
	포장재료	재질, 형상, 치수
	포장법	봉입수, 넣는 방법, 구분 칸막이, wrapping 등
	인쇄 및 Label	유효(소비)기간, 제조일 표시형식, 인자위치, label 부착 위치

(5) 포장사양서의 작성

상기 (1)~(4)의 검토결과에 의하여 **포장사양**(단위포장, 내부포장, 외부포장)을 결정한다. 포장사양은 표 4-5의 내용으로 구성된다(디자인은 결정 후에 추가한다).

3) 포장기법의 검토

(1) 생산에 사용하는 기종(단위포장, 내부포장, 외부포장용)을 선정한다.

(2) 단위포장용 포장재료에 대해서는 제품 내용물 혹은 모조품을 사용하여 충진시험을 실시하고, 표 4-6의 항목에 대한 평가로 충진 및 포장조건을 정한다. 포장재료의 기계적 적성에 문제가 있다면 포장재료 또는 포장기기의 사양을 변경한다.

(3) 내부포장, 외부포장용 포장재료의 기계적 적성에 대해서는 모조품(모형)을 사용하여 (2)와 같은 모양으로 평가한다.

(4) 각 기기를 조합하여 공정의 라인화를 검토하고, **기기일람표**(machine list)와 **공정 흐름도**(SFD, simple flow diagram)를 작성한다.

표 4-6. 포장기법의 평가

항 목	내 용
기계적응성	매끄러움·구부림성·접힘성, 하자(결점)
봉함성	봉함강도, seal 폭(연포재), 봉함 상태(canning) 등
충진성	중량 편차, 충진상태, 불량률(그 내용)
작업성	충진속도, trouble 발생빈도
인쇄상태	인자의 상태, 인자 위치의 어긋남, 인쇄의 얼룩

- 라인화에는 직접적으로 포장에 관계하는 기기 이외에 수송기기, 저장조, 체(sieve), 파이프, 계측기기 등이 필요하다.

(5) 제조장소를 검토하여 **부설 배치도**(lay-out, 수포장의 경우도)를 정한다.

(6) 이상의 검토결과에 의하여 설비투자 계획안을 작성한다.

(7) 공정관리기준(안)의 작성
상기 (2)항과 (3)항의 결과에 따라서 기종, 충진 및 포장조건을 선정하게 되면 **공정관리기준(안)**을 작성한다.

- 공정관리기준에는 ① 다음 공정으로의 이행 가부를 판정하는 항목과 ② 다음 회의 생산에 참고가 되는 지표(특징) 항목이 있다.

①항은 신속하게 결과가 나오는 항목을 선정한다.
 (예 ; 육안관찰, 계량, 낙하시험 등)

②항은 완성도의 지표가 되는 항목을 선정한다.
 (예 ; 봉합강도)

4) 규격 및 검사기준의 작성

(1) 상기 2) 및 3)의 결과로부터 **제품의 포장규격(안)**을 작성한다.

(2) 규격항목은 포장사양, 내용물 사양, 내용물 질량, 외관, 강도 등 표시에 관계하는 항목으로 구성되며, 육안관찰과 이화학적 특성치로 표현한다.

(3) 규격치는 출하시까지 검사를 마칠 수 있는 항목으로 한정하고, 품질개선과 안전성의 재확인을 위하여 제공하는 항목은 분석

항목으로 하여 규격에서부터 제외한다.

(4) 규격치는 관리폭을 명확히 한다. 내용물 질량은 우선 계량법에 정한 바를 따라야 한다. 인쇄상태 등 수치화가 불가능한 것은 검사시에 표준으로 하는 시료(**표준 시료**)는 물론이고 가능하면 한계를 나타내는 시료(**한계 시료**)를 정한다.

(5) **검사기준**과 **분석기준**에는 검사 로트, 검사 빈도, 샘플링법, 검사 항목, 검사법, 합격과 불합격의 판정기준(분석기준에는 설정하지 않음)으로 구성된다.

• 포장상태의 확인은 제품의 임의추출 검사법으로는 그다지 의미가 없으며, 공정 내에서 검품하는 방법이 유효하다.

7. 개발연구 단계의 총괄

1) 제조사양서(안)의 작성

앞의 4절, 5절에서 검토한 결과를 근거로 하여 생산설비 공정을 상정하여 제조사양서(안)를 작성한다. 제조사양서는 **원료 배합, 제조공정, SFD**(단순공정흐름도), **원료·포장재료·제품규격, 공정관리 기준, 기술지표**(작업의 요령을 기입)로 구성된다. 신품목을 개발하는 등의 경우에서 양산 시작(量産試作)을 필요로 하지 않는 경우에는 기술지표로 바꾸어 **작업표준**을 작성한다.

2) 제조비용 원안의 작성

신제품 개발에 대해서는 판매량과 이익이 가장 중요한 안건이다. 그렇기 때문에 제품의 공장 코스트를 계산한다. 일반적으로 코스트를

표 4-7. 제조원가를 구성하는 항목

분류	항 목	정 의
변동비 (V)	내용물 원료비	가공조제를 포함한 전체 원료비(loss를 포함)
	포장재료비	포장에 사용한 전체 재료비(loss를 포함)
	Utility 비	전기, 중유, 수도료
	보관료·운임	영업창고에 맡긴 삯과 공장이 부담하는 운임
	위탁비	가공·출하 등 위탁하는 경비(계약에 의한 성과급의 경우는 변동비, 정액의 경우는 고정비가 된다)
고정비 (F)	노무비	제조의 직접요원의 임금급여와 복리후생비
	소모품비	기기부품 등 소모품의 비용
	수선비	시설, 기기의 수리 비용
	임차료	시설, 기기를 임차한 경우의 비용
	잡비	통신비, 사무용품비 등 상기에서 포함되지 않은 비용
	감가상각비	제조에 사용하는 설비 및 기기의 상각비 건물 : 35~45년 정액 (구조에 따라 다르다) 설비 : 9년 정률상각(년 22.6%) 또는 9년 정액 (년 11.1%)
	일반관리비	직접요원 이외(사무, 품질관리 등)의 비용
	세금, 보험료	고정자산세, 화재보험 등
	(연구개발비)	제조비용에 넣는 경우가 있다.

[참고] 기타의 P/L(profit & labor) 용어
· 한계이익 : 순매출액 - 변동비
· 공헌이익 : 한계이익 - 직접고정비(고정비에서 일반관리비, 세금, 보험을 제외)
· 기타 상품별 이익, 전사(全社) 이익 등이 있다.

구성하는 항목을 표 4-7에 기입하였다.

비용의 구분에는 여러 방법이 있으므로 자사의 경리담당자와 협의하는 것이 좋다.

원가의 계산단위는 원/개, 원/case, 원/kg, 원/년 등이 있다. 원가는 해마다 생산수량과 감가상각비가 변하므로 분기별로 추이를 내면 사업으로서의 실적을 알기가 쉽다.

3) 개발의 검증 및 타당성 확인의 실시

개발의 검증과 타당성 확인은 개발계획에 근거해서 실시되고 있는 것을 확인하기 위해서 시행한다. 기업으로서의 규칙(어느 단계에서, 누가 심의해서, 승인하는가)을 제정하고 공식적으로 실시하여 승인을 받는 것이 바람직하다.

개발의 검증에 대해서는 ① 개발계획서의 요구사항을 만족하고 있는지, ② 원료 및 포장재료, 제조법, 제조설비, 제품이 법규를 벗어나고 있지 않는지, ③ 사회적 수용성을 만족하고 있는지 등에 대하여 검증한다.

타당성의 확인은 마케팅부문 혹은 의뢰자(판매담당자, 고객)에게 샘플을 제시해서 컨셉 혹은 제품의 수용성을 만족하고 있는지의 평가를 받는다.

그리고 이 단계에 있어서도 고객(소비자, user)의 수용성을 확인하기 위한 사외 테스트를 실시할 필요가 있는 경우도 생긴다.

4) 개발연구 결과의 승인

앞의 3)항과 같은 형태로 연구개발 결과에 대하여서도 기업이 공식적으로 심사를 실시하여 승인하는 규칙을 제정하는 것이 바람직하다.

제조사양서(안), 제조비용(코스트) 원안, 설비투자(안), 개발의 검증 및 타당성 확인 결과, 샘플을 제시하여 제조상에 문제는 없는지, 다음 과정으로 진행해도 좋은지에 대하여 심사를 받는다. 승인이 되었다면 원재료 및 설비의 발주를 실시하며 양산시작으로 넘어간다.

8. 양산 시험제작의 실시

양산시작(量産試作)은 목적하는 품질의 제품이 생산 가능함을 검증하기 위하여 생산설비를 사용해서 제조를 행한다. 그리고 문제가 있는 경우에는 제조사양서를 수정한다.

양산시작은 연구개발 부문의 담당(책임 소재)이지만, 생산담당 부문(공장, 제조 위탁회사)이 참가하여 공동으로 실시하는 경우가 많은 것 같다. 확실히 그런 방법이 개발에서부터 생산으로의 인계가 원활하게 될 수 있다. 품종이 다양한 개발의 경우 등 기존제품과 원료 배합, 제조공정이 거의 동일한 경우는 양산시작을 생략하는 것도 가능하다.

1) 원료 및 설비의 발주

심사 종료 후 원료 및 설비를 발주하여 양산시작의 준비에 들어간다. 대부분의 경우는 설비투자의 내용을 제출하여 승인되면 발주를 하는 것이 기업으로서 정해진 것이겠지만, 신규 설비는 납품 소요기간이 길기 때문에 금액과 사업화의 가능성 등을 판단하여 필요하면 앞당겨서 실시할 필요가 있다(가발주). 이것은 각각의 기업에서 결정하는 것이다.

2) 시설의 공사, 설치 및 시운전

생산 시설의 정비가 완료되고 신규 구입기기가 납품되었다면 설치 공사를 실시하고, 기기의 (水)시운전을 수행하여 검수를 실시한다.

3) 양산 시험제작(CP 테스트, commercial plant test)

(1) 제조사양서(안)에 정해진 원료, 포장재료, 원료 배합, 제조공정, 공정관리기준, 기술지표에 따라서 시작을 실시한다.

• 양산시작 계획을 작성하여 시작(試作) 내용, 스케줄, 담당자를 결정한다. 체크 항목도 사전에 작성한다.

• 시작(試作)에 참가하는 사람은 지휘자(책임자), 작업자, 데이터 채취자(공정담당 및 검사/분석담당), 생산담당 책임자로 구성한다.

• 시작량(試作量)은 배치(batch)식 운전공정은 배치단위 정도로 하고 연속식 운전공정은 1/2일(반나절) 단위 정도가 좋다.

• 양산시작의 주안점은 BP 테스트(bench plant test) 제품의 재현, 공정간의 연결성, 운전의 연속성, 제조의 안정성이다.

• 각 공정의 완성도, 편차의 정도를 체크해서 각 기기의 운전조건을 수정하고 결정한다.

• 각 공정의 요원배치, 작업시간, 물질수지(손실)를 체크한다.

• 작업 표준(작업 메뉴얼, 관리점)을 작성한다.

(2) 양산 시작품(試作品)에 대해서 검사 및 분석기준에 따라 평가한다. 시작품(試作品)의 완성도에 가장 관계되는 외관, 식미, 물성에 대해서는 실험실 수준에서 작성한 표준샘플과 비교하여 차이의 유무를 충분히 평가하는 것이 중요하다. 보존성에

대해서도 확인시험을 한다.

(3) 제조사양서(안), 검사분석기준(안)의 타당성을 검증하여 불량한 점이 있다면 각각의 수정을 실시한다.

(4) 양산시작(量產試作)의 결과를 생산담당 부문과 총괄하여 개선점과 기술적 과제를 명확하게 한다. 그리고 해결 대책안을 마련하여 생산개시 전에 해결하는 것과 생산개시 후에 개선할 것으로 나누어 검토 스케줄을 세운다.

9. 생산준비

1) 제조사양서 및 관리규정 등의 문서 작성

양산시작(量產試作)의 결과에 근거하여 **제조사양서, 검사 및 분석기준**을 결정한다. 데이터 부족 등으로 결정이 곤란한 항목은 「잠정(暫定)」으로 해둔다.

이것으로 개발을 종료하고 생산으로 이행하는 것이지만, 이 단계에서는 생산담당 공장 등 관련 부문과 공동으로 생산에 대한 규정 등을 정비한다. 내용은 국가 표준규격(JIS Z 9001)에서 추천하는 공식적인 표준안에 준하는 것이 바람직하다. 표 4-8에 표준적인 규정 및 매뉴얼의 종류를 나타내었다.

2) 개발의 검증 및 타당성 확인의 실시

양산시작(量產試作)의 결과로서 원료, 포장재료, 제조법, 제품규격에 변경이 있는 경우에는 개발의 검증, 타당성 확인을 재차 실시한다.

표 4-8. 신제품의 생산에 필요한 문서

분류	항 목	요 점
개발	제조사양서	원료배합, 제조조건 등의 확인과 수정
	작업표준서	작업수순의 문서화(trouble 대책의 명기)
	공정관리기준	평가기준(특히 관능항목)의 명확화
	제조위탁 계약서	책임의 소재, 제품의 인도, 기밀유지의 명확화
제조	요원 배치도	CP 테스트의 결과에 기초한 초안의 작성
	작업 Time Schedule	CP 테스트의 결과에 기초한 초안의 작성
	설비·기기보수 관리규정	CP 테스트의 결과에 기초한 초안의 작성
	원료·포장재료 관리규정	취급, 보관의 manual 작성
	제품출하 관리규정	취급, 보관, 인도의 manual 작성
	부적합(불합격)품의 처리규정	재이용, 타용도로 전용, 폐기의 manual 작성
품질 관리	원재료·제품규격	검사 data가 부족한 경우는 잠정규격으로 한다.
	검사기준	항목, 빈도, 판정기준 등의 확인과 수정
	부적합품의 특별 채용기준	기준, 설정근거, 책임소재의 명확화
구매	구매계약서	책임의 소재, 원재료의 납입법, 검증권한
	품질보증서	매입처로부터 입수(검사기준과의 일치성)
	매입처 관리규정	매입의 관리방식, 매입처의 평가

3) 채산성 검토의 실시

제조사양서가 완성되어 직접 및 간접 요원, 생산수량, 수율(손실 포함)이 거의 명확하게 된 시점에서 최종 원가에 대한 사전 계산을 실시하여 채산성을 확인한다.

4) 요원교육 등의 실시

생산담당 부문은 원료 및 포장재료의 발주, 제조 및 검사요원의 교육 등 생산개시를 향한 준비를 실시한다. 개발담당 부문은 여기에 협력할 필요가 있는 경우도 있다.

10. 생산 안정화 점검

생산이 개시되면 신제품은 연구개발 부문으로부터 생산담당 부문에 이관되지만, 생산 초기에는 각종의 트러블이 발생하는 일이 많다. 그 때문에 연구개발 부문은 생산이 안정화될 때까지 트러블의 해결, 공정 등의 개선을 위해서 생산담당 부문을 지원하여 생산이 안정된 후에 완전하게 이관하는 것이 바람직하다.

또한 규격, 규정 중 양산시작(量産試作) 단계에서 「잠정(暫定)」이라고 해둔 것에 대해서는 늦어도 6개월 후까지는 「정식(定式)」으로 확정시킨다.

5장. 식품개발의 공통기술(1) - 가공식품의 보존기술

　신제품을 개발하는데 있어서는 식품 각각에 대한 고유의 제조기술이 당연히 필요하지만 모든 식품에 공통적으로 적용되는 기술이 있다. 예를 들어 제품의 품질저하 방지에 관여하는 불가결의 기술로서 식품의 보존기술과 포장기술이 있다.

　식품의 변질요인에는 미생물적 작용, 화학적 작용, 물리적 작용이 있다. 변질은 식품 고유의 성질에 의존하는 경우가 많다.

　변질을 방지하는 방법으로는 ① 식품 중에 변질요인이 되는 것을 원료, 배합, 제조 공정에서 제거하거나 또는 작용을 억제하는 것으로 식품자체를 개질(改質)하는 방법과 ② 식품의 변질을 일으키거나 혹은 촉진하는 충격, 빛, 산소, 습도 등을 제거하거나 차단하여 식품의 환경조건을 개선하는 방법 등 두 가지로 나누어진다. 보존기술은 ①의 식품의 변질에 의한 품질저하를 방지하고, 포장기술은 ②의 식품을 손상으로부터 보호하는 기술이다.

　가공식품에 있어서는 최상의 식미(食味)가 요구되고 있으며 상품은 될 수 있는 한 품질, 신선도가 좋은 상태로 소비자에게 전해질 필요가 있다. 그러기 위해서는 종래의 유통 개선에 의해서도 해결되겠지만 유통의 환경정비도 코스트와의 관계로 자유롭게 되는 것은 아니다. 상품의 품질 유지는 여전히 중요한 문제이며 또한 고도의 기술이 요구되고 있다.

원래 가공식품은 식품의 보존을 목적으로 개발된 것으로 현재에도 제조 직후에 사용되는 경우는 없고 반드시 유통 및 보관을 거쳐 사용되어지고 있으므로 신제품의 개발에 있어서는 그 상품의 유통 및 보관조건에 대응한 보존성을 부여해야 한다.

식품의 품질저하 중에는 미생물에 의한 위해가 가장 큰 피해를 일으킨다. 특히 병원성 미생물과 식중독균에 의한 피해는 중대하고 광범위하게 심각한 위해를 끼친다. 그러나 미생물의 작용은 정확한 지식에 근거하여 계획적으로 대처하면 컨트롤이 가능하다. 한편 화학적, 물리적 작용은 인체에 피해를 주는 경우는 드물지만 식미를 해쳐서 상품의 신뢰를 잃는 결과를 초래한다. 그러나 여기에는 근본적인 대책이 없는 경우가 많아서 대증요법을 취해야만 하는 것이 현실이다. 상품개발에 있어서는 이런 것들의 위험성을 인지하고 그에 적합한 대책을 세우는 것이 불가결하다.

식품의 보존기술에 대해서는 본장에서 설명되며, 포장기술에 대해서는 제6장에서 다루게 될 것이다.

1. 미생물의 제어기술

1) 식품의 미생물에 의한 변질

(1) 부패

식품이 미생물의 배지가 되어 미생물이 증식을 하면 식품의 외관, 식미, 영양을 저해한다.

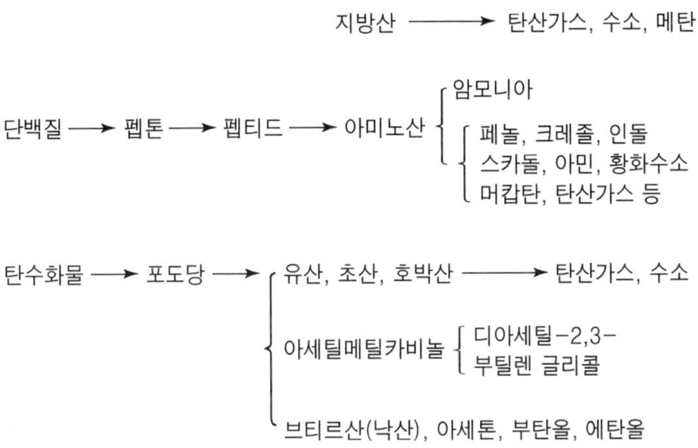

지방산 ⟶ 탄산가스, 수소, 메탄

단백질 ⟶ 펩톤 ⟶ 펩티드 ⟶ 아미노산 ⎰ 암모니아
⎱ 페놀, 크레졸, 인돌
스카톨, 아민, 황화수소
머캅탄, 탄산가스 등

탄수화물 ⟶ 포도당 ⟶ ⎰ 유산, 초산, 호박산 ⟶ 탄산가스, 수소
아세틸메틸카비놀 ⎰ 디아세틸-2,3-
⎱ 부틸렌 글리콜
브티르산(낙산), 아세톤, 부탄올, 에탄올

그림 5-1. 부패 생산물

일반적인 부패 현상은 부패세균의 집락, 이취, 산미, 가스의 발생이
다. 효모(특히 산막효모), 곰팡이는 콜로니의 생성으로 외관을 해친
다.

미생물의 증식 과정에서 생기는 부패 생성물은 식품의 성분, 식품
의 환경, 미생물의 종류에 따라서 변한다. 부패 생성물은 그림 5-1과
같이 단백질, 탄수화물이 분해되어 생성한 아민, 암모니아, 황화물,
유기산, 알데히드, 인돌 등이 있다.

(2) 식중독

식중독이란 「음식물의 섭취에 수반하여 발생하는 위장염을 주증상
으로 하는 급성의 건강 장해」라고 정의되고 있다. 일본에서는 경구
전염병과 세균성 식중독을 명확하게 구별하고 있지만, 다른 많은 나
라에서는 구별하지 않고 경구 감염증과 독성 물질의 경구섭취에 의

한 중독을 합쳐 식품 매개성 질환이라고 부르고 있다.

식중독의 원인 물질이 세균인 경우를 세균성 식중독이라고 한다. 그것은 세균 그 자체(감염형 식중독)와 세균이 증식하면서 생성한 독소(독소형 식중독)에 의하는 것으로 나눌 수 있다. 전자의 대표적인 것은 병원성 대장균이고 후자는 황색포도상 구균이다.

표 5-1. 세균성 식중독의 특징과 그 원인

세 균	질 병	식품 및 환경에서의 분석
장염 Vibrio균	위장염, 순환기장애	연안해수, 어패류
Vibrio cholerae	위장염, 패혈증	하천수, 연안해수, 어패류
Vibrio mimicus	위장염, 패혈증	하천수, 연안해수, 어패류
Vibrio fluvialis	위장염	하천수, 연안해수, 어패류
Salmonella균	위장염, 균혈증	달걀(난)류, 난제품, 식육
Campylobacter jejuni	위장염	식육(닭), 음료수
Campylobacter coli	위장염	식육(닭), 음료수
병원성 대장균	위장염	음료수, 분변
Yersinia enterocolitica	위장염, 발진	식육, 애완동물
Aeromonas hydrophila	위장염	음료수, 수산식품
Aeromonas sobria	위장염	음료수, 수산식품
Plesiomonas shigeroides	위장염	음료수, 애완동물
Welchii균	위장염, 창상감염증	토양, 분변, 가열식품
Botulinus균	신경마비증상, 창상감염증	토양, 식육제품, 수산식품
황색포도상구균	위장염(구토), 화농성질환	화농창
Cereus균	위장염	쌀, 소맥분, 두류
NAGVibrio	위장염	어패류

일본에서는 그 대표적인 원인균으로서 표 5-1에 기록한 17 균종이 있다.

미생물에 의한 위해에는 세균 외에 곰팡이가 생성하는 독소에 의한 것이 있다. 일본에서는 그다지 주목받고 있지 않지만 치사성의 중독을 일으키는 경우도 있다. 대표적인 것은 낙화생독으로 불리는 *Aspergillus flavus*가 생성하는 아플라톡신(발암성)이다.

2) 미생물의 생육

미생물의 생육에는 영양소, 수분, 온도, pH, 산소(호기성균의 경우)가 필요하다. 식품은 일반적으로는 영양이 풍부한 배지이며, 그 조성 밸런스를 식품의 특성을 유지하면서 변화시키는 것은 용이하지 않지만, 음식맛에 영향을 주지 않는 범위에서 미생물의 생육조건을 없애는 것으로 생육을 저지시키는 것을 생각할 필요가 있다. 그러기 위해서는 미생물의 증식과 수분 및 온도 등의 관계를 이해할 필요가 있다.

(1) 수분

식품 중의 수분함량이 미생물의 생육에 관계하고 있다는 것은 잘 알려져 있다. 그러나 엄밀하게 말하면 수분에는 식품성분과 결합하고 있는 **결합수**와 결속되어 있지 않은 자유수가 있으며, 미생물이 이용할 수 있는 수분은 식품 성분과 결합하고 있지 않는 **자유수**이다. 미생물이 이용할 수 있는 수분의 양적 척도로서 **수분활성도**(A_w, water activity)를 사용한다. A_w는 일정온도에서 밀폐 용기내의 식품의 증기압(P)과 그 온도에 있어서의 순수한 물의 증기압(P_0)과의 비로 표현된다.

표 5-2. 식품 미생물의 증식에 필요한 최저 수분활성[6]

세 균	*Pseudomonas fluorescences*	0.95~0.97
	Clostridium botulinum type E	0.97
	Clostridium botulinum type A	0.93~0.95
	Clostridium botulinum type B	0.94
	Salmonella newport	0.94~0.95
	Escherichia coli	0.94~0.95
	Lactobacillus viridescens	0.95
	Bacillus subtilis	0.90~0.95
	Bacillus megaterium	0.92~0.94
	Bacillus cereus	0.92~0.93
	Enterococcus feacalis	0.94
	Micrococcus roseus	0.905
	Staphylococcus aureus	0.86~0.89
	Pediococcus halophilus	0.81
	Halobacterium salinarium	0.75
효 모	*Candida utilis*	0.94
	Schizosaccharomyces sp.	0.93
	Saccharomyces cerevisiae	0.90
	Rhodotorula sp.	0.89
	Endomyces sp.	0.885
	Debaryomyces hansenii	0.88
	Zygosaccharomyces bailli	0.80
	Candida versatilis	0.79
	Candida etchellsii	0.79
	Zygosaccharomyces rouxii	0.62
곰팡이 불완전균	*Mucor plumbeus*	0.932
	Rhizopus nigricans	0.93
	Botrytis cineria	0.93
	Penicillium sp.	0.80~0.90
	Cladosporium herbarum	0.88
	Aspergillus oryzae	0.86
	Aspergillus flavus	0.86
	Aspergillus niger	0.80~0.84
	Aspergillus glaucus	0.70~0.75
	Eurotium repens	0.70~0.71
	Eurotium rubrum	0.70~0.71
	Monascus(*Xeromyces*) *bisporus*	0.61

표 5-3. 각종 식품의 A_w[7]

신선 식품 및 다수분 식품		중간수분 식품		저수분 및 건조 식품	
야채 및 과일	0.99~0.98	Salamisausage	0.83~0.78	저장쌀	0.64~0.60
어패류	0.99~0.98	반건조 정어리	0.80	소맥분	0.63~0.61
식육류	0.98~0.97	오징어 젓갈	0.80	증숙 건멸치	0.58~0.57
계란류	0.97	잼, 마멀레이드	0.80~0.75	크래커	0.53
과즙	0.97	간장	0.81~0.76	향신료(건조품)	0.50
어묵	0.97~0.93	된장(味噌)	0.80~0.70	비스킷	0.33
치즈(natural)	0.96	벌꿀	0.75	초콜릿	0.32
빵	0.96~0.93	케이크	0.74	탈지분유	0.27
햄 및 소시지	약 0.90	젤리	0.69~0.60	녹차	0.26
자반 연어	0.89	오징어포	0.65	건조야채	0.20

$$A_w = P / P_0$$

미생물은 수분활성이 내려가면 생육할 수 없게 된다. 식품관련 미생물의 증식하는 최저수분활성도를 표 5-2에 나타내었고, 주요 식품의 수분활성도는 표 5-3에 표시하였다.

미생물이 증식하는 최저수분활성은 세균은 대략 0.91, 효모는 0.88, 곰팡이는 0.80 정도이다. 그러나 미생물 중에는 식염이나 설탕이 고농도로 존재하는 환경(저수분활성)에서 증식하는 것도 있다. 이것들을 호염성 미생물, 호삼투 미생물 및 호건성(곰팡이의 경우) 미생물이라고 한다. 이러한 미생물들이 출현하는 곳은 고삼투압성 물질인 염분이나 설탕이 다량으로 이용된 식품(된장, 간장, 염장 생선 등)이지만, 내염성 효모 이외의 미생물이 혼입되는 경우는 드물다.

식품의 수분활성도로부터 미생물적 위해를 예측할 수가 있다. 그리고 식품의 수분활성도를 감소시켜 미생물의 증식을 제어하는 수단은 실용적으로 자주 이용되어지고 있다.

(2) 온도

미생물은 다른 일반 생물과 같이 어떤 일정한 온도 범위 내에 있어
서만 생활하고 증식할 수 있다. 그러나 그 증식온도의 범위는 균종에
따라서 다르고, 극지방과 같이 연중 빙점 아래에 있는 온도에서부터
온천처럼 고온에 이르기까지 생육 가능 범위가 매우 넓다. 세균이나
곰팡이의 최저 생육온도는 -18℃, 효모에서는 -10℃까지라고 알려지
고 있다. 최고 생육온도는 세균에서는 75℃, 곰팡이와 효모에서는 거
의 60℃까지 이른다. 그래서 개개의 미생물의 증식온도 범위에 근거
하여 고온성, 중온성, 저온성 미생물로 대별된다. 그것을 표 5-4에 나
타내었다.

식품에 문제가 되는 미생물은 대부분 중온성 미생물이지만, 냉장식

표 5-4. 생육온도에 의한 미생물의 분류

생육온도		최저	최적	최고	대표적 균종
저온성	세균	0℃ 이하	-	20℃	*Pseudomonas, Vibrio, Achromobacter*
	효모	0℃, 1주일 배양으로 생육			*Candida, Torulopsis*
	곰팡이	5℃ 이하	-	20℃	*Cladosporium*
중온성	세균	5℃	25~40℃	55℃	자연계에 가장 널리 분포하고 포유동물의 장내세균 및 병원성 미생물을 시작으로 각종의 세균, 효모, 곰팡이가 포함된다.
	효모	-	25~35℃	-	
	곰팡이	10℃ 이하	20℃ 이하	40℃	
고온성	세균	35℃	50~60℃	75℃	*Bacillus stearothermophilus*
	효모	-	-	-	대부분은 45℃ 이하가 증식한계
	곰팡이	20℃ 이하	30~45℃	50~60℃	*Chaetomium thermophilum*

품에서는 저온균, 보온 판매기에서는 고온균이 문제가 된다.

미생물의 생육범위는 매우 넓어서 110℃에서도 생육하는 세균도 있으며 -18℃에서 생육하는 효모도 있다. 그러나 대부분의 식품 부패에서 원인이 되는 것은 특수한 미생물이 아니고 흔히 있는 미생물이며 게다가 관리 부실이 큰 원인이다.

(3) pH

미생물의 증식과 pH와의 관계를 보면 증식할 수 있는 pH의 범위는 비교적 넓다. 대부분의 세균 즉, 장내세균, 토양균의 최적 pH는 6~7, 해양 세균은 7~8, 병원 세균에서는 7.5 부근이지만, 곰팡이나 효모는 대부분이 산성(pH 4.0~6.0)에서 잘 증식한다. 방선균류에서는 최적 pH가 약알칼리성인 것이 보통이다.

통상의 식품에서 pH는 약산성에서 중성이며, 세균이 가장 잘 생육하는 조건이다. 대부분의 부패균은 pH가 5.5 이하에서 생육이 억제되고, 4.5 이하에서는 거의 생육하지 않는다. pH가 3.5 이하에서는 곰팡이, 효모, 초산균 등 특수한 세균만이 생육한다.

(4) 산소

고등 생물에서는 생활하기 위해서는 분자상태의 산소를 필요로 하지만 미생물에서는 필요로 하는 것과 필요로 하지 않는 것이 있다. 전자를 호기성 미생물, 후자를 혐기성 미생물이라 한다. 혐기성 가운데 산소가 존재하고 있어도 증식하는 미생물을 통성 혐기성 미생물, 증식하지 않는 것을 편성 혐기성 미생물이라고 한다. 각각의 대표적인 것을 표 5-5에 나타내었다.

일반적으로 호기성 미생물에 있어서 식품 중에 용해된 산소량만으로는 증식에 충분하지 않다. 호기성의 곰팡이나 세균이 자주 식품의

표 5-5. 산소 요구성에 의한 미생물의 분류

분 류		대표적 균군
호기성 미생물	세균	*Bacillus, Micrococcus, Aerobacter, Pseudomonas*
	효모	－
	곰팡이	대부분
혐기성 미생물	편성 세균	*Clostridium, Bacteroides, Desulfovibrio*
	편성 효모	－
	편성 곰팡이	－
	통성 세균	대장균군, 유산균
	통성 효모	대부분
	통성 곰팡이	－

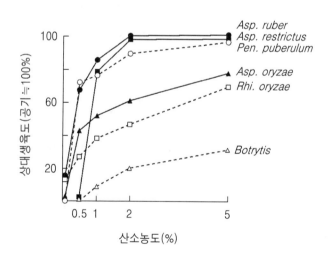

그림 5-2. 곰팡이의 생육과 산소농도[8]

표면에 막상으로 증식하는 것은 이런 이유 때문이다(네트의 발생). 포장식품의 경우는 미충진 공간(헤드 스페이스)의 산소 농도가 1% 정도만 되어도 호기성 미생물은 표면에서 많이 증식한다(그림 5-2). 증식을 억제하기 위해서는 0.1% 이하의 농도로 유지할 필요가 있다.

3) 미생물의 제어법

미생물에 의한 식품의 위해 및 손상을 방지하기 위해서는 그 식품에 증식하는 균종을 파악하여 적절한 조치를 취하는 것이다. 식품에 있어서 환경과 각종 균군의 생육관계에 대하여 정리된 것이 식품미생물 제어표(표 5-6)이다. 알코올의 영향에 관한 것은 나중에 설명한다.

이 표에 근거하여 대상으로 하는 식품의 환경에서 생육하는 미생물을 배제하거나 환경을 바꾸는 것이 미생물 제어법이다.

식품의 미생물 제어는 제품 중에서 미생물의 증식을 억제할 뿐만 아니라 전체 제조공정이 위생적인 관리로 제조되는 것이 요구된다. 미생물은 공정 중에서 사멸되어도 생성된 독소가 잔류하면 식중독을 일으킬 위험성이 있다.

또한 해당 식품 중에서는 생육하지 않는 미생물에 대해서도 그것이 이차적으로 식품의 제조에 사용되는 경우 증식하는 일이 있으므로 충분히 배려하는 것이 요구된다. 중간 공정에 있어서도 미생물 관리표를 참조해서 증식의 위험 예지를 실시하여 주의하지 않으면 안 된다.

식품 제조시 위생관리의 지표로서는 제품의 일반 생균수와 대장균군수가 이용되며, 식품의 특성에 따라서는 내열성균수, 혐기성균수, 식중독균수를 첨가하여 관리 지표로 삼는다.

일반 생균수는 식품의 미생물 오염의 정도를 가리키는 지표이다. 동시에 일반 생균수로부터 식품의 부패나 변패의 발생 가능성의 유

표 5-6. 식품 미생물 제어표[9]

환경인자	미생물	분열균									진균			
		세균									효모		곰팡이	
		대장균군	구균	저온균	중온균	고온균	내열균	혐기성균	유산균	내염성유산균	효모	내염성효모	곰팡이	호건성곰팡이
Aw	1~0.95													
	0.94~0.90			D	D	D								
	0.89~0.85							D						
	0.84~0.65													
	0.65 미만													
pH	3.0~4.5													
	4.6~9.0													
	9.1~11.0		D		D	D			D					
온도(℃)	0~5													D
	6~10													
	11~35			D										
	36~45	D	D		D				D	D	D	D	D	D
	46~55													
	56 이상						D	D						
산소농도 (용기내)	20.9%													
	0.2~0.4%													
가열온도	80℃, 10분													
알코올	2%		D	D	D	D	D			D			D	D
식염	3%													
	7%			D					D	D		D	D	

- ▨ : 생육권
- ☐ : 비생육권
- [D] : 균속, 균종 또는 변종에 따라 차이가 남.

무 또는 식중독 발생의 위험성 등을 어느 정도 추정하는 것이 가능하다. 가공식품에서는 일반 생균수가 10^5 CFU/g 이하로 존재하는 것이 하나의 기준이다.

대장균군(coliforms)이라고 정의되는 세균은 그람 음성의 무아포균으로 유당을 분해하여 산과 가스를 생성하는 호기성 또는 통성 혐기성 의미 생물군이다. 대장균군은 음성(10 CFU/g 이하)이 기준이다. 이것들이 존재하는 식품은 종래는 분변 오염이 있었다고 판단하여 출처가 같은 적리균, 콜레라균 등의 장관계 전염병균이나 식중독균이 존재할 가능성이 있는 불결한 식품으로 판정되어 왔다. 대장균군은 자연계에 넓게 분포하는 것으로 분변 오염의 지표로서는 정확하지는 않지만 우선 분변 오염의 가능성을 나타내는 것으로 환경위생 관리

표 5-7. 미생물의 제어법

분 류		방 법
제 균	세정, 여과, 원심분리, 전기적 제균	
정 균	저온	냉장, 냉장
	저 A_w	식염, 당, 당알코올, 건조, 탈수
	저 pH	유기산
	탈산소	진공, 가스치환, 탈산소제
	보존료	알코올, 천연 및 합성보존료
살 균	가열 살균	저온살균, 고온살균, 고주파살균, 적외선살균
	약제 첨가	살균료, 가스살균
	방사선 조사	γ 선, 전자선, X선, 자외선
	기타 비가열살균	초고압살균, 초음파살균, 전기충격살균
차 단	포장, Clean Room	

상의 척도를 나타내는 오염 지표균이라고 생각해야 한다. 대장균군에는 무독의 것도 포함되므로 음성이 아닌 경우는 병원성 대장균의 존재를 검사하여 어떻게 처리할지를 결정하는 것이 좋다.

미생물에 의한 식품의 손상을 막는 방법을 표 5-7에 나타내었다. 식품의 특성과 대상(목표)으로 하는 미생물을 고려하여 적절한 방법을 선택할 필요가 있다.

4) 제균에 의한 제어

(1) 초기균수

균의 증식에 대한 초기균수의 영향을 모식도로 나타내면 그림 5-3과 같이 나타낼 수 있다. 초기균수 A < B < C의 세 수준에서는 초기균수가 높을수록 유도기가 짧고 분열 속도는 같아도 최대 생육량(부패)에 이르는 시간이 짧아진다.

식품을 장기간 유지하는 기본은 초기균수를 가능한 줄이는 것이다. 이것은 동시에 제균과 살균을 용이하게 한다. 제품의 미생물 오염량

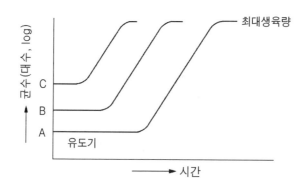

그림 5-3. 미생물의 초기균수와 증식속도

을 감소시키기 위해서는 균수가 적은 원료를 이용하는 것, 공장의 위생관리를 충분히 수행하여 공정 중의 균의 증식과 균의 혼입(작업장에 부유하는 균의 낙하, 장치의 오염에 의한 부패물의 부착, 사람 손의 접촉 등에 의해 일어난다)을 방지하는 것이 필요하다.

공정의 위생관리로서는 다음과 같은 조치가 기본이다.

① 원료·제품의 취급·보관 영역의 구별
② 작업실의 외부 공기의 차단, 벽과 바닥의 청소 등 정비
③ 원료·제품과 접하는 기기의 분리(해체) 세정
④ 원료·중간 제품·제품에 접촉하는 손의 소독, 작업시 고무장갑의 착용
⑤ 공정 중 체류의 방지 혹은 온도관리

특히 사람의 손과 접촉한 경우는 틀림없이 대장균이 혼입된다는 것을 잊지 말자.

초발균수를 감소시키려면 이상과 같은 주의가 중요하지만 거기다 공정에서 원료의 제균을 수행하는 것도 필요하다.

(2) 오염부 및 부패부의 제거

미생물의 오염은 표면에 많아 박피 등 표면부의 제거는 제균에 효과가 있다.

원료의 부패부위는 균이 완전히 성장($10^8 \sim 10^9$ CFU/g)하여 있으므로 부패부가 눈으로 확인되는 야채나 고구마류는 세세하게 제거하도록 한다.

(3) 세정

야채류를 물로 씻었을 때의 균수는 초기의 1/10, 세제를 사용하더

라도 초기의 1/100 정도로 밖에 제균할 수 없었던 예가 있는데 세정의 효과는 이런 정도로 생각하는 것이 좋다. 원료의 세정에는 사용할수 있는 약제가 제한되어 있으므로 제균이 곤란한 경우가 많다.

기기와 기구의 세정은 과산화수소, 알코올, 차아염소산나트륨 등의 약제를 사용하는 것이 효과적이다. 그러나 약제를 사용하기 전에 부착물을 제거하는 것이 중요하다. 솔질 혹은 고압의 물 분사로 부착물을 떨어뜨리고 다시 물로 씻은 후에 약제를 사용하는 것이 효과적이다. 더러움을 제거하기 어려운 경우는 알칼리 또는 산을 사용한다. 그리고 세정 후에는 건조시켜 미생물의 증식을 억제한다.

(4) 여과 및 원심분리

액체의 제균법으로는 면포 및 여과지, 치밀한 재질의 소재 등을 이용한 depth filter 제균과 acetate cellulose 막을 이용한 membrane filter 제균(除菌)이 있다. 후자는 맥주의 효모 제거법으로 넓게 사용되고 있다. 그러나 막 여과에서는 장치 내부를 무균상태로 유지하는 미생물 관리가 과제이다.

원심분리에 의한 제균은 우유에서 사용 예[10](20,000 rpm)가 있다. 필자는 동물성 엑기스 추출액의 제균(除菌)에 샤프레스 원심분리기를 사용하여 불용성 단백질의 제거를 실시했을 때 초기 10^4 CFU/g의 균수를 10 CFU/g으로 감소시킨 경험이 있다.

여과 및 원심분리에 의한 제균은 단백질 등의 제거와 함께 향기 등 유효 성분의 부착에 유의할 필요가 있다. 식품의 가공제조에서 제균에 의한 조절은 일반적으로는 무균적인 수준까지 이르는 것은 곤란하고 균수를 낮은 수준으로 감소시키는 것이 한계이다.

5) 정균에 의한 제어

(1) 냉동 및 냉장

정균(靜菌)이란 식품 중에 미생물은 존재하지만 유통과 보관과정에서 미생물의 활동이나 증식이 억제되는 상태로 유지시키는 것이다. 식품을 저온에서 보존하는 것으로 미생물이 사멸되지는 않지만 증식은 억제된다.

「식품의 저온관리」(식품의 저온유통협의회, 1975)에서는 온도대를 cooling(상온~5℃), chilled(5~-5℃), frozen(-15℃ 이하)의 3구분으로 나누고 있다(-5~-15℃는 일반적으로는 frozen 상태이지만, 조직의 냉동변성을 일으키기 쉬운 영역이므로 피한다).

식품을 저온에서 보관하면 미생물의 증식억제 뿐만 아니라 신선식품에서는 대사활성 및 생리적 변화가 억제되고, 가공식품에 있어서는 식품성분의 화학적 반응도 지연되므로 변질방지 전반에 유효하다.

냉동은 식품위생법에도 -15℃ 이하로 정해져 있다. 통상적으로 냉동에 의한 변성을 억제하기 위해서 -18℃ 이하로 유지하는 경우가 많다. 대부분의 미생물의 증식은 -11℃가 한계이기 때문에 이 방법은 미생물 전체를 대상으로 한 정균기술로서는 장기저장을 가능하게 하는 유일하고 완전한 방법이다. 그러나 동결에 의하여 얼음 결정이 생성되어 원료 동식물의 세포가 손상되기 때문에 크든 작든 품질저하를 일으키는 경우와 저장 중의 미생물 이외의 원인에 의한 변질이 문제가 될 수도 있어 화학적, 물리적 변화에는 주의하지 않으면 안된다. 냉동에 의한 변성과 그 대책에 대해서는 냉동관련 기술서적을 참조하는 것이 좋다.

냉동에 의한 변성이 큰 식품이나 또는 보존기간이 짧은 식품은 냉장이 적합하다. 냉장은 통상 2~5℃로 행해지고 있다(가정용 냉장고

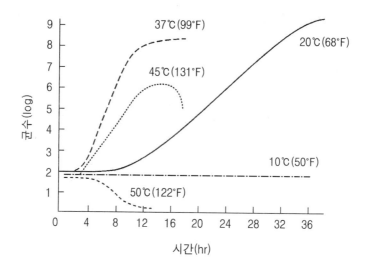

그림 5-4. 최적온도 37℃의 중온성 세균의 각 온도에서의
증식곡선 모델

는 5~7℃, 냉장(chilled)식품의 보존 기준은 일본에서는 10℃이다).
  2~5℃의 온도 범위에서 많은 미생물들은 증식이 당연히 억제되지
만, 식품으로서는 유도기가 연장되고 증식속도가 억제되어 보존가능
기간이 연장된다고 보는 것이 무난하다(그림 5-4 참조). 가벼운 살균
(저온성 미생물은 살균하기 쉽다)과 병행하여 대상 미생물을 한정해
서 엄밀한 온도관리를 하면 2주간 정도는 보존이 가능하지만 현실적
으로는 매우 위험이다.
  냉장의 문제점은 온도관리를 쉽게 생각하는 것이다. 냉동과 달리
외관상 온도상승을 판별하기 어렵기 때문에 온도의 상승을 초래하기
쉽다. 온도상승에 의해 증식이 촉진되어 생각하지 않았던 사고가 일
어나는 일이 있다.

　최근 냉동 및 냉장의 경계에 걸친 온도영역에서 식품을 보존하는 방법이 시도되고 있다. 빙냉온도 범위에서의 냉장(빙온저장)과 부분 동결에서의 저장(partial freezing)이다. 이러한 기술은 장래성이 기대되지만 현재는 온도관리가 기술적으로 널리 실용화하는 데까지는 도달하지 못했다.

(2) 수분활성

　수분활성은 미생물의 증식에 영향을 미치며 식품의 수분활성이 저하됨에 따라 증식할 수 있는 미생물의 종류는 한정되어진다. 수분활성을 저하시키려면 수분함량을 줄이든지 용질함량을 늘리든지 어느 한쪽을 선택하지 않으면 안 된다. 그러나 식품에는 각각의 식미에 따른 특성이 있으므로 그 특성을 유지하면서 수분활성을 조절할 수 있는 범위는 한정된다. 수분활성의 조절은 대상으로 하는 미생물의 증식한계에 가까운 A_w 영역에 있으면 건조, 농축, 소성, 배합에 의한 수분의 삭감 혹은 용질의 첨가에 의한 조절을 실시할 수 있다. 용질로서는 분자량이 작고 식미에 영향을 주지 않는 물질이 바람직하다. 이것에 대해서는 여러 가지 검토되고 있지만 뛰어난 것은 없다. 실용적인 범위에서는 설탕 대신에 단맛이 약한 단당(환원성인 경우는 갈변현상에 주의)이나 당 알코올을 사용하는 것이 유효하다.

(3) pH

　pH에 의한 미생물 증식의 억제는 대부분의 식품이 본래 저산성이기 때문에 어렵다. 냉장식품에서 pH가 5.5 이하에서는 증식속도가 억제되므로 초산 및 초산염(pH에 의한 효과 이외의 억제효과가 있다)을 첨가하는 예가 있는데, 음식맛은 pH 5.5 정도부터 신맛을 느끼게 되므로 그다지 좋은 방법은 아니다.

(4) 보존료

보존료는 부패세균 등 미생물의 증식을 저지하는 것을 목적으로
한 식품첨가물로 식품 본래의 맛이나 형태를 변화시키지 않고 보존
할 수 있는 물질이라고 정의할 수 있다. 현재 일본에서는 안식향산,
솔빈산, 디히드로초산, 프로피온산 및 그 염류와 파라옥시안식향산에
스테르 등 10 품목이 보존료로 지정되어 있다. 주요 보존료의 항균성
을 표 5-8에 나타내었다.

보존료는 사용할 수 있는 식품, 사용량 및 표시사항이 규정되어 있

표 5-8. 식품 보존료의 항균성[11]

보존료＼균종	곰팡이	효모	호기성 포자 형성균	혐기성 포자 형성균	유산균	그램 양성균	그램 음성균	참 고
안식향산	○	○	○	○	○	○	○	산성에서 유효 pH < 6
소르빈산	◎	◎	○	×	×	○	○	산성에서 유효 pH < 7
디하이드로 초산	◎		○	△	△	○	○	산성에서 유효 곰팡이와 효모에 강력
파라옥시안식 향산에스테르	◎	◎	◎	○	○	◎	○	pH의 영향이 없는 고형물의 존재에서 효력 저하
프로피온산	○	×	○	×	×	○	○	산성에서 유효 효력이 전반적으로 약함

◎ : 강력   ○ : 보통   △ : 미약   × : 효과 없음

으므로 사용에 있어서는 주의가 필요하다.

일본에서는 솔빈산이 가장 넓게 사용되고 있었지만 최근에는 천연지향적 소비자의 증대로 그 수용이 줄어 천연보존료 혹은 그 외의 방법으로 변하고 있다.

천연계 보존료에는 때죽나무($Styrax\ japonica$) 추출물, 사철쑥($Artemisia\ capillaris$)추출물, 히노키티올(추출물), ε-폴리리진 등이 있다. 이것들도 사용하였을 경우에는 합성보존료처럼 표시하지 않으면 안 된다.

항균성이 있는 천연물 중에서 보존료로서 표시가 필요하지 않은 것에는 글리신, 에틸알코올, 모노글리세라이드, 라이조자임 등이 있다.

에틸알코올은 고농도에서는 살균작용이 있으며 저농도에서는 정균작용이 있다(에틸알코올의 살균작용에 대해서는 표 5-13 참조). 보존료로서의 에틸알코올은 된장, 간장, 채소절임, 식육제품, 과자 등에 넓게 사용되고 있다. 에틸알코올의 사용농도는 1∼4%이다. 사용량은 억제효과보다 첨가에 의한 알코올취, 음식맛의 변화에 의해 제한된다.

알코올 농도가 4%에서는 많은 곰팡이류, 일부의 효모, 세균의 증식이 억제되지만 대부분의 미생물은 8%의 농도로 억제된다. 된장·간장에서는 가스발생 억제와 곰팡이 생육억제의 목적으로 사용된다. 이 목적으로 사용하는 에틸알코올의 농도는 2∼3%가 적당하다. 에틸알코올의 미생물 억제효과는 식품의 성분조성에 영향 받는다. 유기산이 존재하면 에틸알코올의 효과는 증가된다. 또한 수분활성도가 낮을수록 효과는 크다.

에틸알코올의 사용법은 액체식품과 페이스트식품에는 직접 혼합하고 고형식품에는 침지, 분무, 도포한다. 또한 담체에 흡착시켜 포장용기에 넣어 서서히 방출시키는 기화법이 과자 등 포장고형식품에 사용되고 있다. 이 경우 에틸알코올의 증기농도는 300∼1,200 ppm 정도가 필요하다.

(5) 탈산소

식품의 부패 원인이 되는 미생물은 일반적으로 호기성균이 많기 때문에 포장용기 내의 산소를 제거함으로써 부패를 지연시킬 수 있다. 그러나 호기성 세균이나 곰팡이는 1%의 산소농도에서는 꽤 증식하므로 산소농도를 감소시켜 증식을 억제하려면 0.1% 이하로 유지할 필요가 있다. 탈산소의 방법에 대해서는 제6장에서 설명한다.

한편, 무산소 상태에서 혐기성균은 증식하기 쉽다. 식중독 중에서도 최악의 보툴리스 식중독은 무산소 상태에서 일어날 위험성이 있다. 탈산소에 의한 미생물의 제어는 곰팡이를 대상으로 한정하는 것이 타당하다.

6) 살균에 의한 제어

(1) 가열살균

식품에서 미생물의 증식에 의한 부패를 방지하려면 앞에서 설명한 제균(除菌)이나 정균(靜菌)에 의한 방법이 있지만 일반적으로 완전 제균은 어렵다. 정균은 냉동을 제외하고는 존재하는 미생물의 증식을 늦출 수는 있지만 정지시키지 못하는 경우가 많아서 장기저장에는 위험한 경우가 있다. 그래서 제품의 부패, 식중독의 위험으로부터 식품의 안전을 보증하기 위해서는 살균처리를 하여 무균상태로 하는 것이 좋다고 할 수 있다.

식품의 살균은 옛날부터 방부를 목적으로 화염에 의한 방법이 경험적으로 알려져 있었지만, 현재에도 살균이라고 하면 가열에 의한

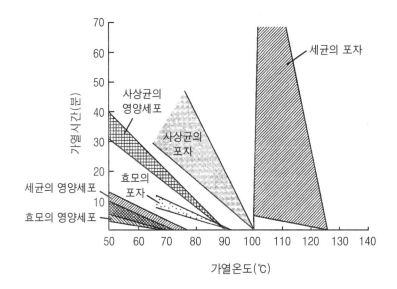

그림 5-5. 각종 미생물을 살균하는데 필요한 가열온도와
가열시간의 관계[12]

살균이 위주가 되고 있다.

가열살균의 조건은 대상으로 하는 미생물과 기타의 조건에 의하여
개별적으로 설정되지 않으면 안 된다(그림 5-5 참조).

(i) 미생물의 내열성

미생물은 수분이 있는 상태에서 가열하였을 경우(습열)가 없는 경
우(건열) 보다 사멸되기 쉽다. 그래서 가열살균은 특수한 경우를 제
외하고는 습열상태(濕熱狀態)에서 수행한다.

미생물의 사멸온도 영역은 균종, 균주, 생육환경 등의 조건에 의하
여 변하지만 무포자 세균, 유포자 세균의 영양세포, 효모, 곰팡이는

표 5-9. 세균포자의 열 사멸조건[13]

균 종	열 사멸조건	
	온도 (℃)	D값 (분)
Alicyclobacillus acidoterrestris	95	0.9~1.0
Bacillus(호기성 간균)	100	2~1,200
B. apiarius	100	5
B. brevis, B. pumilus 등 저온성 *Bacillus*	90	4.4~6.4
B. cereus var. mycoides	100	100[*]
B. circulans	100	1.65
B. coagulans	100	30~270[*]
B. coagulans	121	0.4~3.0
B. coagulans var. thermoacidulans	96	8.3
B. lacterosporus	100	1.18
B. licheniformis	100	13.5
B. megaterium	100	1~2.1
B. pantothenticus	100	7.3
B. polymixa	100	8.2
B. pumilus	100	1.5
B. psychrosaccharolyticus	85	11~42
B. sphaericus	100	2.25
Bacillus sp. ATCC 27380	80	61
B. stearothermophilus	100	714
B. stearothermophilus	121	0.1~14
B. subtilis	100	11.3
B. subtilis	121	0.08~5.1
B. subtilis var. niger	100	1.67
Clostridium(혐기성간균)	100	5~800[*]
C. aureofaetideum	90	139
C. butyricum	85	18
C. histolyticum	90	11.5
C. sporogenes	90	34.2
C. sporogenes	121	0.15
C. sporogenes PA3679	110	5.8~15.9
C. sporogenes PA3679	121	0.84~2.6
C. thermoaceticum	121	44.4
C. thermocellum	121	0.5
C. thermohydrosulfricum	121	11
C. thermosaccharolyticum	132	4.4
C. thermosulfurogenes	121	2.5
C. tyrobutyricum	96	6.5~21
Desulfotomaculum nigrificans	121	2~3
Sporolactobacillus inulinus	90	5.1
Sporosarcina ureae	100	5[*]

[*] 사멸시간(분)

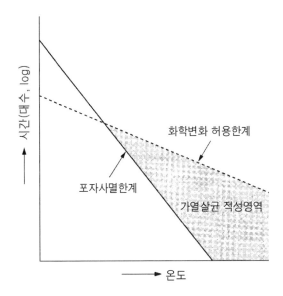

그림 5-6. 포자의 파괴와 화학변화의 억제

80℃에서 10분 정도의 습열처리에 의해 충분히 살균된다.

세균포자는 내열성이 있어서 100℃에서 가열해도 용이하게 사멸되지 않는다. 위생검사 지침에서는 끓는 물에서 10분간의 처리로 생존하는 것을 내열성균이라고 정의하고 있다.

가열살균에 있어서는 세균포자를 사멸시키는 조건을 설정하는 것이 명제이다.

세균포자도 균종 등에 따라서 현저하게 내열성이 변동된다. 일반적으로 생육최고온도가 높은 세균의 포자일수록 내열성이 크다. 세균포자들의 내열성을 표 5-9에 나타내었다.

내열성이 강한 세균포자의 경우 가열살균은 저온에서는 장시간을 요구하지만 고온에서는 단시간에 목적을 달성할 수 있다. 가열에 의하여 일어나는 식품의 변질속도(풍미변화, 착색 등)는 거의 Q_{10} 값 (온도가 10℃ 상승했을 때의 속도 상승의 비율을 나타낸 수치)이 2 ~3의 사이에 들어가지만, 미생물은 10 전후이다. 따라서 식품의 변질을 억제하면서 살균을 할 때는 가능하면 고온에서 단시간을 행하는 것이 유리하다(그림 5-6 참조). 통상 세균포자를 살균할 때는 100℃ 이상의 가압가열살균을 한다.

(ii) 가열살균의 메카니즘

가압가열살균(autoclaving)에 대한 기초지식으로서 가열살균의 메카니즘에 대해서는 다음과 같이 설명할 수 있다.

① 일정온도에 있어서의 시간 효과

미생물을 치사효과가 있는 일정온도로 가열처리하여 가열시간과 생존하는 미생물 개체수와의 관계를 편대수 그래프로 나타내면 생존 개체수는 가열시간의 경과와 함께 감소하여 그림 5-7처럼 직선적 관계를 얻을 수 있다. 이것을 생존곡선(survivor curve)이라고 한다.

생존곡선이 직선인 것은 일정온도에 가열할 때 사멸속도가 일정하다는 것을 의미한다. 그림 5-7의 생존곡선에서 생존미생물수가 1 이상에 상당하는 가열시간(48분 : 실선부분)까지는 살균이 완료되지 않았지만, 가열시간이 48분을 넘은 순간에 완료된 것이 된다.

생존미생물수가 1 미만(점선부분)의 의미는 살균이 실패(미생물이 생존한다)하는 확률을 나타내고 있다. 즉, 생존미생물수가 0.1이라는 것은 같은 내용의 식품을 살균하였을 경우에 10개 중 한 개는 미생물이 살아 남았다는 것을 나타내고 있다.

미생물의 가열살균에 있어서 가열시간을 길게 하면 그것이 생존할 수 있는 확률을 무한히 작게 할 수 있지만, 확률 제로의 완전무균은

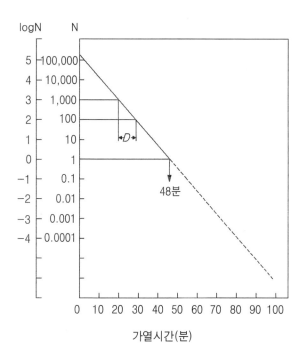

그림 5-7. 생존곡선

N=생존미생물수

이론적으로는 있을 수 없다고 하는 것이다.

생존곡선의 기울기를 사멸속도의 역수의 절대치로 나타내어 이것을 'D값'이라고 한다. D값이라는 것은 '일정온도로 미생물을 가열하였을 때 그 생존수를 10분의 1로 감소시키기 위해서 필요한 시간(분)'이다. 가열살균의 대상이 되는 미생물의 D값을 측정해 두면 어떤 개체수의 미생물을 임의의 생존수까지 감소시키기 위해서 필요한 가열시간을 다음의 식에 의해 얻을 수가 있다.

$$t = D \times (\log\ a - \log\ b)$$

여기에서,

t: 가열시간(분), D: D값(분)

a: 초기균수, b: 생존균수

② 온도효과

미생물은 보다 고온에서는 신속히, 보다 저온으로는 완만하게 사멸
된다. D값은 고온에서 작고, 저온에서는 크다. 여러 온도에서 D값
을 측정하여 가열온도와 D값의 관계를 편대수 그래프상에 나타내면

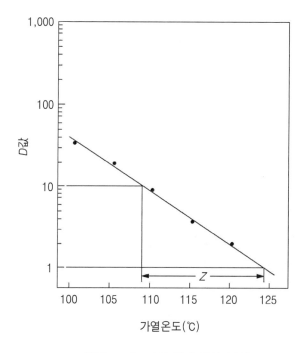

그림 5-8. 가열 감소시간 곡선

그림 5-8처럼 직선을 얻을 수 있다. 이것을 가열 감소시간 곡선(the-rmal reduction time curve)이라고 한다.

가열 감소시간 곡선의 기울기는 미생물의 사멸속도에 미치는 가열 온도의 영향(가열온도 효과)을 나타내어 기울기가 크면 가열온도의 변화가 미생물의 사멸속도에 미치는 영향이 크다는 것을 나타내고 있다.

가열 감소시간 곡선의 기울기를 Z값이라고 한다. Z값은 「D값을 10배 변화 시키는 온도변화($℃$ 또는 $℉$)」이다.

③ 가열살균의 효과 표시

가압가열살균(autoclaving)한 식품의 가열효과를 F값으로 나타낸다. F값이라는 것은 「식품이 일정온도에 있어서 가열된 시간(분)」이다. 그리고 가압가열살균에서는 살균의 기준온도를 보통 121.1 ℃ (250℉)로 하고 있다. 121.1 ℃에서 가열된 시간을 F_0 값이라 한다.

Z값이 동일한 경우, T℃에 있어서의 F값은 다음과 같이 F_0 값으로 환산할 수 있다.

$$F_0 = F_T \times 10^{(T-121/Z)}$$

예를 들면, Z가 10 ℃에서 111 ℃, 60분의 살균은 다음과 같이 계산된다.

$$F_0 = F_{111} \times 10^{(111-121/10)} = 60 \times 0.1 = 6(분)$$

실제의 살균처리에서는 온도는 변화하므로 시간 경과 중에 변동하는 F값을 예를 들면 1분 간격으로 취하여 F_0 값을 구해 소요살균시간을 산출한다. 덧붙여 실제의 계(系)에서는 계내의 온도는 균일하지 않기 때문에 가열온도는 가장 열전달이 어려운 곳(최지속가열점 : 통상은 중심부)에서 F값을 측정을 한다.

④ 세균포자의 가열살균에 영향을 주는 인자

- 오염 미생물 : 앞에서 설명한 바와 같이 균종에 따라서 내열성은 다르다. 또한 생육한 환경에 의해 동일 균종에서도 내열성이 변하는 것에 주의하지 않으면 안 된다. 또 위 ①에서 말한 것처럼 사멸시키는데 필요한 시간은 초기균수에 의해 좌우된다. 초기균수가 높은 경우는 살균에 보다 장시간이 요구된다.

- pH : 계의 pH가 낮은 편이 내열성은 작다.

- 수분활성 : 계의 수분활성도가 낮은 것이 내열성은 작다.

- 에틸알코올 : 살균효과를 높인다.

- 전열에 영향을 주는 인자 : 내용량
  용기의 형태
  고형물의 형상 및 크기
  액의 점성 등에 의해서 살균시간은
  변한다.

(iii) 각종 식품의 가열살균

식품은 살균 후의 미생물 오염을 방지하지 않으면 안 되기 때문에 살균처리를 하는 식품은 완전하게 포장하는 것이 전제이다. 포장식품에서 가열살균의 목적은 용기내의 식품을 「상업적 무균상태」로 하는 것이다. 상업적 무균상태라는 것은 「유통 조건하(주로 온도)에서 그 식품 중에 발육할 수 있는 미생물이 생존하지 않는 상태」를 말한다. 즉, 상온유통을 목적으로 한 식품은 60~70℃와 같은 고온에 놓여졌을 때(예, 보온판매기)에 발육할 수 있는 미생물(고온균) 또는 수분활성도, pH가 생육하기 쉬운 상태로 변하면 발육할 수 있는 미생물이 생존하고 있을 가능성이 있는 상태, 즉 완전하게 무균상태는 아닌

것을 의미한다.

통상 식품에서는 원료 등에서 혼입해 오는 미생물의 균종은 조절하기 어렵기 때문에 식품의 A_w, pH로부터 세균의 발육이 없다고 판단되는 경우는 곰팡이 및 효모를 대상으로 100℃ 이하의 살균(열탕살균)을 행하고 세균이 발육하는 경우는 가압가열살균을 실시하고 있다.

pH에 따른 살균조건의 관계를 표 5-10에 표시했다.

식품위생법에는 「pH가 5.5를 넘고, A_w가 0.94를 넘는 용기포장 통조림의 가압가열식품에 있어서는 중심부의 온도를 120℃에서 4분 동안 가열하는 방법 또는 이것과 동등 이상의 효력이 있는 방법」으로 정하고 있다. 이 가열조건은 F_0 = 3.2에 상당한다.

표 5-10. 통조림 식품의 pH에 의한 분류 및 주요 변패 원인 미생물과 살균조건[15]

식품군	pH	B° licheniformis	B° subtilis	B° coagulans	B° stearothermophilus	C° pasteurianum	C° thermosaccharomyces	C° sporogenes	C° botulinum (A´ B)	무포자세균 및 곰팡이 효모	가열살균온도(℃)
저산성 식품	> 5.0	+	+	+	+	+	+	+	+	+	> 110℃
중(약)산성 식품	4.5~5.0	+	+	+	+	-	+	+	+	+	> 105℃(100℃)*
산성 식품	3.7~4.5	-	-	±	+	-	±	?	?	+	90~100℃
고산성 식품	< 3.7	-	-	-	-	-	-	-	-	+	75~80℃

+ : 변패 원인이 됨.　- : 변패 원인이 되지 않음.　± : 변패 원인이 된다는 보고가 있음.

* : 병포장, 투명 플라스틱 및 필름 봉투는 100℃로 살균하는 경우가 많다.

보툴리누스균(*Clostridium botulinum* A, B)은 내열성이 강한 포자를 형성하여 이것이 식품 중에 증식한 경우에는 치사성의 균체외 단백질독소를 만들기 때문에 식품위생상에서 특히 문제가 된다.

저산성식품의 기준은 보툴리누스균을 사멸시키기에 충분한 가열처리를 목적으로 미국의 기준에 준거하여 그와 같이 정해졌다(*C. botulinum* A, B는 pH 4.7이 생육 한계이지만).

F_0는 보툴리누스균 포자를 대상으로 하여 살균목표를 생존할 확률을 $1/10^{12}$에서 정하고 있다(이것을 $12D$의 개념이라고 한다). 각 온도에서의 $12D$를 표 5-11에 나타내었다. $12D$로 한 근거는 미국에서 생산되는 통조림 중에 보툴리누스균이 생존하고 있는 통조림이 1통(캔)도 나오지 않는 확률이라는 것으로 통조림의 생산량으로부터 정해졌다고 말해지고 있다. 즉, 통조림 중에 보툴리누스균 포자가 한 개 존재하고 있다고 가정해서 10^{12}의 통조림을 살균했을 때 그 중의 1통에만(의미하는 것은 제로이다) 보툴리누스균 포자가 생존하는 확률로 살균하는 조건이다. 부패의 원인균에 대해서는 살균목표를 생존확률 $1/10^5$에 두면 충분하다고 한다.

가열살균(그림 5-9 참조)은 식품의 특성과 유통조건에 맞추어 상

표 5-11. Botulinus균의 D값과 $12D$[15]

가열온도(℃)	D값(분)	$12D$(분)
100	30.6	367.2
105	9.28	111.4
110	3.06	36.72
115	0.928	11.14
120	0.306	3.67
121.1	0.237	2.85

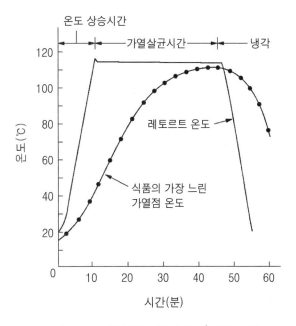

그림 5-9. 가열살균 중의 온도변화 모식도

업적 무균상태로 하는 최소 조건으로 살균하는 것이 적절하다. 왜냐하면, 식품은 Q_{10} 값이 2~3이라고 해도 변질되기 때문이다. 특히 고온과 동시에 정지상태로 가열하는 경우는 포장재에 접촉하고 있는 부분은 가열기기의 주변과 동일한 정도의 가열과정을 겪어서 F값의 수배의 가열을 받는다는 것에 유의하지 않으면 안 된다.

가열살균법에는 식품을 포장한 후에 가열살균하는 방법(통조림, Retort)과 가열살균한 무균식품을 살균한 포장용기에 무균적으로 충진 및 포장하는 방법(무균충진포장법)이 있다.

무균충진포장은 예를 들면, 건더기가 들어있는 된장국을 상상하면 국물과 건더기를 따로 따로 살균한 후 두 가지를 충진한다. 된장국은 풍미가 변질되기 쉽지만 플레이트 히터로 살균하면 단시간에 살균할 수 있기 때문에 retort 살균에 비해 가열에 의한 변질이 억제된다.

그 결과 향과 풍미에서의 품질저하가 적은 된장국을 얻을 수 있다. 특히, 고형물이 많은 경우, 점성이 크거나(전열이 나쁘다) 포장단위가 큰 경우는 레토르트 살균에서는 살균이 장시간 지속되어 주변부에서는 변질이 일어난다. 이러한 식품의 경우에는 무균충진방법이 더 좋은 포장기술이라고 할 수 있다. 포장재료에는 내열성이 필요없기 때문에 포장형태, 포장재질에 대한 선택의 폭이 넓다는 이점도 있다.

그러나 부드러운 고형물의 충진기술, 무균충진설비의 비용, 설비기기를 무균상태로 유지하는 작업 및 보수관리기술 등의 과제가 남아 있다. 현재의 주된 대상은 액상식품이지만 장래성이 있는 기술이다.

(2) 약제에 의한 살균

식품위생법에서는 살균료로서 과산화수소, 차아염소산, 차아염소산나트륨, 표백분(클로르칼크)이 지정되어 있다.

과산화수소는 이전에는 어묵이나 면류에 사용되고 있었지만, 과산화수소에 발암성이 알려지면서 최종식품의 완성 전에 분해 또는 제거하도록 정해졌기 때문에 그 사용은 곤란하게 되었다. 현재는 기구 및 포장재료의 세정에 이용되고 있다.

염소계 살균료의 살균효과는 염소가 물에 용해되었을 때 생기는 차아염소산에 의한다. 차아염소산이 해리되어 H^+ + OCl^-가 되면 살균력은 낮아진다고 한다. 차아염소산은 바이러스, 세균, 진균, 원생균, 조류 등 각종의 미생물들에 대하여 폭 넓은 살균작용을 나타내고 있다(표 5-12). 그러나 세균 아포에 대해서는 수십 ppm 이상의 농도가 필요하다.

염소계 살균료는 ① 물의 살균, ② 알, 고기, 야채, 과일 등 식품

표 5-12. 각종 세균에 대한 차아염소산의 살균작용[16]

미 생 물	유효염소 (ppm)	pH	온도 (℃)	시간	살균율 (%)	보고자
Enterobacter aerogenes	0.01	7.0	20	5분	99.8	Ridenour
Staphylococcus aureus	0.07	7.0	20	5분	99.8	Ridenour
Escherichia coli	0.01	7.0	20	5분	99.9	Ridenour
Escherichia coli	12.5	7.7	25	15초	>99.999	Mosley
Shigella dysenteriae	0.02	7.0	20	5분	99.9	Ridenour
Salmonella paratyphi B	0.02	7.0	20	5분	99.9	Ridenour
Salmonella derby	12.5	7.2	25	15초	>99.999	Mosley
Streptococcus lactis	6	8.4	25	15초	>99.99	Hays
Lactobacillus plantarum	6	5.0	25	15초	>99.99	Hays
Bacillus cereus	100	8.0	21	5분	99	Cousins
Bacillus subtilis	100	8.0	21	60분	99	Cousins
Bacillus coagulans	5	6.8	20	27분	90	Labree
Clostridium botulinum A	4.5	6.5	25	10.5분	99.99	Ito
Clostridium. botulinum E	4.5	6.5	25	6분	99.99	Ito
Clostridium perfringens 6719	5	8.3	10	60분	없음	Dye
Clostridium sporogenes	5	8.3	10	35분	99.9	Dye

　　원료의 표면 살균, ③ 식품 제조용 기구, 기기, 작업장의 살균 소독, ④ 작업원의 손, 의복 등의 살균 소독에 사용되고 있다. 염소의 사용농도에 제한은 없지만 독특한 냄새 때문에 스스로 사용농도는 제한된다.

　　식품의 살균에 사용하는 경우는 다음의 점에 주의하여 살균을 하고 수세를 잘 한다.

　　① pH : pH 7.5 이상에서는 OCl⁻가 많아져 살균력은 약해진다.

　　② 농도 : 차아염소산은 유기물과 반응하므로 유기물이 용해되어

있으면 소비된다.

③ 온도 : 온도가 높은 편이 살균작용이 강하다.

에틸알코올은 살균료는 아니지만 예로부터 소독에 사용되어 온 것처럼 고농도에서는 살균작용을 나타내어 식품제조에 있어서는 손의 소독, 기구, 식품, 포장표면의 살균에 사용되고 있다.

일반적으로 에틸알코올의 살균력은 100% 보다 50~70% 농도에서 가장 강하게 나타나는 것으로 알려져 있다. 에틸알코올의 살균은 표 5-13에 나타나듯이 많은 미생물이 용이하게 사멸되지만 *Bacillus*속 세균은 사멸되기 어렵다. 세균포자는 알코올 살균에 대하

표 5-13. 에틸알코올의 각종 미생물에 대한 살균효과[17]

에틸알코올(%) 균 종	80	70	60	50	40	30
Staphylococcus aureus	−	−	−	−	+	+
Micrococcus flavus	−	−	−	−	+	+
Pseudomonas aeruginosa	−	−	−	−	+	+
Salmonella typhimurium	−	−	−	−	+	+
Lactobacillus plantarum	−	−	−	−	+	+
Bacillus cereus	+	+	+	+	+	+
Bacillus subtilis	+	+	+	+	+	+
Escherichia coli	−	−	−	−	+	+
Klebsiella pneumoniae	−	−	−	−	−	+
Citrobacter freundii	−	−	−	−	+	+
Erwinia carotovora	−	−	−	−	−	+
Saccharomyces cerevisiae	−	−	+	+	+	+
Candida utilis	−	−	+	+	+	+

(주) 20℃에서 5분간 접촉시험한 결과. − : 살균, + : 미살균

여 높은 내성이 있어 50∼80% 액에 침지하여도 *Bacillus* 포자의 살균
은 곤란하다고 한다[17].

2. 화학적 변질의 제어기술

가공식품은 보관 중에 그 성분인 단백질, 당, 색소, 비타민 등이 여
러 가지 변화를 일으켜 변색, 이취 발생, 음식맛 저하, 영양가 저하와
같은 품질 저하가 초래되고 최종적으로는 먹을 수 없는 상태가 된다.
식품위생법은 포장식품에 대하여 보존 가능기간의 장단에 의해 소
비기한 또는 유효기한의 표시를 의무화하고 있다. 전자는 미생물적
변질이 그 기한을 정하는 제약이 되지만, 후자는 화학적 변질 때문에
그 기한이 정해지는 경우가 많다. 화학적 변질을 촉진하는 주된 환경
요인은 온도, 산소, 수분, 광선이다.
식품의 화학적 변질(효소반응 포함)의 반응속도는 수분함량에 가

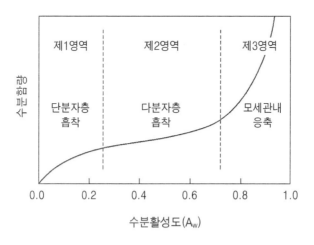

그림 5-10. 수분함량과 수분활성의 관계 모식도[18]

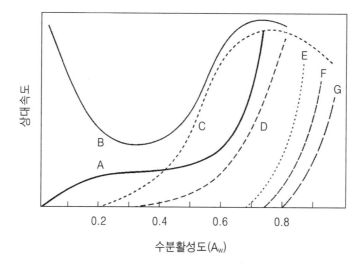

그림 5-11. 수분활성과 보존 안정성의 관계[19]

A : 수분흡착곡선
B : 지질의 산화
C : 비효소적 갈변반응
D : 효소활성
E : 곰팡이 증식
F : 효모의 증식
G : 세균의 증식

장 영향을 받는다. 더 엄밀하게 말하면 수분활성도(A_w)에 영향을 받는다. 수분함량이 증가하면 수분활성은 높아지지만 그 관계는 그림 5-10에 나타낸 것처럼 역(逆) sigmoid 곡선으로 표현되는 관계가 있다. 수분활성과 보존성과의 관계는 그림 5-11에 나타낸 것과 같이 수분활성도 0.2~0.4가 종합적으로 보면 가장 화학적 변질이 늦은 범위이다.

　품질저하 현상을 분석하여 화학적 변화의 몇 가지 경우에 대하여 다룬다.

1) 변색

(1) 갈변반응

식품의 보관 중에 일어나는 갈색화 또는 암색화를 갈변이라고 한다. 갈변에는 효소적 갈변과 비효소적 갈변이 있다. 전자의 대표적인 예는 과일의 갈변이다. 과일 중의 페놀류 및 폴리페놀류가 퀴논류로 변화하고 계속 더 중합하여 갈색색소가 되기 때문이다. 이 반응은 산화효소에 의한 것으로 가열처리를 하는 가공식품에서는 그다지 문제가 되지 않는다. 후자는 식품에서 빈발하는 착색반응이다. 그 중에서도 아미노산과 당이 반응해서 착색물질을 생성하는 메일라드반응(maillard reaction)에 의한 변색이 많다. 메일라드반응은 현재에도 억제하는 근본적인 방법이 없다. 반응에 기여하는 인자를 될 수 있는 한 배제하여 억제하는 것 이외의 방법은 없다.

반응속도에 관계하는 인자는 다음과 같다.

① 아미노산

각종 아미노산에 대한 갈변의 비교를 표 5-14에 나타내었다. 글리신 또는 염기성 아미노산이 갈변하기 쉽다. 또한 α-아미노산 보다 ε-아미노산이 갈변하기 쉽다. 글리신은 정균작용이 있기 때문에 사용하지만 갈변에는 주의가 필요하다.

② 당

당은 고온에서는 메일라드반응을 일으킴과 동시에 단독으로도 카라멜화되어 갈색색소를 생성한다. 상온 보존에서는 메일라드반응을 일으킨다. 이 반응에는 환원말단기를 가지는 당이 아미노산과의 반응

표 5-14. 각종 아미노산의 갈변 비교[20]

아미노산	구조식	착색도 (500 nm)
Glycine	H_2NCH_2COOH	1.63
DL-α-Alanine	CH_3CHNH_2COOH	0.77
β-Alanine	$H_2N(CH_2)_2COOH$	2.00
DL-2-Aminobutyric acid	$CH_3CH_2CHNH_2COOH$	1.00
4-Aminobutyric acid	$H_2N(CH_2)_3COOH$	2.30
2,4-Diaminobutyric acid(2HCl)	$H_2N(CH_2)_2CHNH_2COOH \cdot 2HCl$	0.85
DL-Norvaline	$CH_3(CH_2)_2CHNH_2COOH$	1.07
5-Aminovaleric acid	$H_2N(CH_2)_4COOH$	1.88
DL-Ornithine(HCl)	$H_2N(CH_2)_3CHNH_2COOH \cdot HCl$	3.07
DL-Norleucine	$CH_3(CH_2)_3CHNH_2COOH$	1.21
6-Aminocaproic acid	$H_2N(CH_2)_5COOH$	0.70
L-Lysine	$H_2N(CH_2)_3CHNH_2COOH$	0.70
D-Glucose 단일 처리	-	0.64

(주) pH 8.0의 완충용액 중 114℃에서 20분 처리. Glucose 및 아미노산
   각 0.1 M 농도

에 관계하므로 직접 환원당량에는 주의가 필요하다. 포도당, 과당, 유
당, 덱스트린이 여기에 해당한다.

  5단당은 6단당의 10배가 된다는 실험자료도 있기 때문에 과당은
맛은 좋지만 사용에는 주의가 필요하다.

  유당은 단맛이 약하기(설탕의 약 1/2) 때문에 건조식품에서는 증
량제로 사용하지만 갈변이 문제가 되는 일이 있다. 덱스트린은 저분
자일수록 환원성이 있으므로 적합한 것을 선정한다. 벌꿀도 직접 환
원당이 많기 때문에 사용된 식품의 보존성에는 주의하지 않으면 안
된다.

③ pH

pH 3 이상에서 반응이 일어나며, pH가 높을수록 갈변은 빠르다.

④ 수분

메일라드반응은 수분이 10～15%일 때가 최대이다. 액상식품에서는 수분의 영향은 그다지 볼 수 없지만, 건조식품에서는 수분이 높을수록 갈변되기 쉽고 1%의 차이가 보존성에 크게 영향을 준다. 건조식품에서는 2% 정도까지 건조되면 이상적이다.

⑤ 온도

메일라드반응의 Q_{10} 값은 3～5라고 한다(대부분의 갈변은 3 정도). 온도의 영향이 크기 때문에 겨울과 여름에는 유효기한에 상당한 차이가 발생된다.

⑥ 산소

상온 부근에서는 산소의 영향이 크다. 이의 억제를 위하여 산소를 차단하는 것이 효과적이다. 호기성균의 억제와 같이 가스치환포장, 진공포장, 탈산소제포장이 갈변억제에 효과가 있다(6장 참조). 80℃ 이상의 고온에서는 온도의 영향이 강하고 산소의 영향은 적다.

⑦ 미량 불순물

철이온, 구리이온은 산화반응에서 촉매작용을 하는데 메일라드반응에도 영향을 준다고 한다.

(2) 클로로필의 변색

녹색야채의 색소 클로로필은 식물조직 중에서는 단백질과 결합하여 안정된 상태에 있지만 가열하면 단백질의 변성에 의해 결합이 약해지고 유리되어 분해가 쉽게 된다. 클로로필은 보존 중에도 분해가 일어나 페오피틴(pheophytin), 페오포바이드(pheophorbide)로 변화되어 녹황색 또는 황색으로 변색한다. 또한 클로로필은 산성하에서는 분해가 촉진된다. 그러므로 효소를 실활시키기 위한 블랜칭(데치기, blanching) 또는 조리 중 온도, 시간의 관계와 야채 및 액의 pH에 유의하지 않으면 안 된다.

저장 중에 따르는 변색은 pH, 온도, 산소에 의해 영향을 받는다. 건조식품의 보존에서는 특히 수분(차, 김에서는 3% 이하. 그림 5-12), 광선에 의한 변화(차광포장재의 사용)에 유의하지 않으면 안 된다.

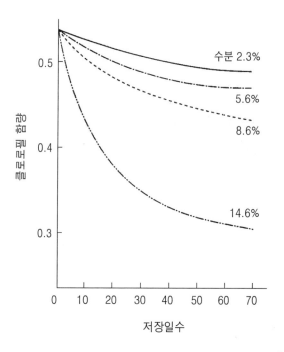

그림 5-12. 김의 수분함량과 클로로필의 분해[21]

(3) 그 외 색소의 변색

카로티노이드, 플라보노이드 색소도 산소, 온도, 광선, 중금속에 의해 변색이 촉진된다. 그러나 클로로필만큼 심하지는 않다. 색소의 변색억제에는 아스코르빈산(비타민 C)을 첨가하면 효과가 있다. 또는 클로로필의 경우와 같이 포장으로 대처하는 것도 필요하다. 플라보노이드 색소 중에는 pH에 대한 영향이 큰 것(하이비스커스, 비트레드)들이 있기 때문에 사용시에 유의할 필요가 있다.

2) 향의 변화

(1) 유지의 산화

식품의 보존 중에 일어나는 향의 변화는 튀김과자 등에서 일어나는 유지 산화에 의한 이취의 발현이 대표적이다. 유지의 산화는 주로 불포화지방산의 자동산화이다. 유지의 산화에 의해 생성되는 악취는 자동산화에 의해 생성된 하이드로퍼옥사이드가 분해되어 생성한 알데히드류가 주성분이다. 보존 중의 유지의 산화는 건조식품 등 저수분식품에서 문제가 된다.

유지의 산화에 영향을 주는 각종 인자를 다음에 나타내었다.

① 유지의 지방산 조성

불포화기가 많은 지방산일수록 산화되기 쉽다(표 5-15).

액체유는 불포화지방산을 많이 포함하고 있으며 고체지방에는 적다. 특히 이중결합이 3개 있는 리놀렌산을 포함한 유지(예, 콩기름)는 보존성이 부족하기 때문에 장기보존을 하는 건조식품과 쌀과자 등에 사용할 때는 산화가 문제되므로 피하는 것이 좋다. 당연히 5개 또는 6개의 이중결합을 가지고 있는 고도불포화지방산이 많은 어유

표 5-15. 각 지방산의 산화속도의 비교[22]

지방산	이중결합의 수	Sterton (100℃)	Holman (37℃)	Gunstone (20℃)
Stearic acid	0	0.6	–	–
Oleic acid	1	6	–	4
Linoleic acid	2	64	42	48
Linolenic acid	3	100	100	100
Arachidonic acid	4	–	199	–

는 산화에 극히 불안정하다.

② 산소

이취의 발생은 소량의 산소로 일어난다. 함기포장(포장내 공기 포함)의 경우는 용기 내부의 산소로 충분하다. 유지의 산화는 산소와의 접촉면적과 관계되므로 건조식품, 특히 다공성 동결건조식품은 산화되기 쉽다. 산화를 방지하기 위해서는 탈산소재 등을 넣어 용기내의 산소를 제거하는 것이 좋다(잔존 산소량은 통상 2% 이하, 동결건조품의 경우는 1% 이하).

또한 산화 방지제의 첨가도 효력이 있다. BHA 등의 산화방지제가 있지만, 최근에는 표시의 형편상 α-토코페롤 등의 천연 항산화물질이 사용되고 있다.

③ 온도

유지의 산화속도는 온도에 영향을 받으며, Q_{10} 값은 2라고 한다.

④ 광선

유지의 산화에는 광선, 특히 자외선이 산화를 촉진한다. 가시광선에서도 파장이 500 nm 이하 광선의 영향이 크다. 유지 함량의 높은 식품에서는 알루미늄박 등의 빛이 통과하지 않는 포재를 사용하는 것이 무난하다.

⑤ 그 외 금속이온

철(Fe), 구리(Cu), 니켈(Ni) 등의 전이금속은 산화를 촉진시킨다. 이것은 제조에 기인하는 인자로서 품목에 따른 차이가 난다.

또한 유지의 종류에 따라서도 항산화물질의 양이 달라져 불포화도 이외의 인자가 된다. 예를 들면, 참기름은 천연 항산화물질을 함유하고 있어 산화에 대하여 매우 안정한 기름이다. 한편, 동물성 지방은 항산화물질이 적기 때문에 불안정하다. 돼지지방(lard)은 불포화지방산은 적지만 항산화제의 첨가가 불가결하다. 또한 장시간 튀김을 한 유지도 항산화제가 없어져 반응라디칼이 생성되고 있기 때문에 산화가 진행되어 보존성이 나쁘다.

(2) 갈변반응

메일라드반응의 중간단계에서는 스트레커(strecker) 분해가 일어나 알데히드 및 피라진이 생성된다. 이 때문에 보존 중에 갈변취, 한층 더 진행되면 타는 냄새가 발생하여 향기가 변질된다. 메일라드반응에 의한 향기의 변화는 색과 밀접하게 상관되므로 변색방지와 같은 대책을 검토하면 좋다.

(3) 효소반응

야채류는 미가열의 상태로 가공식품에 사용하였을 경우에 보존 중에 이취를 발생하는 일이 자주 있다. 이것은 야채 중의 산화효소에 의한 것이다. 산화효소를 실활시켜 이취의 발생을 방지하기 위해서는 블랜칭(blanching)이라 하는 끓는 물 속에서 수분 동안 가벼운 가열 처리를 실시한다. 냉동야채나 건조야채의 제조에서 일반적으로 행해지고 있다.

우유에서는 가열이 불충분하면 내열성이 큰 퍼옥시다제(peroxidase)가 잔존하고 유지를 산화시켜 이취가 발생되는 일이 있다.

마늘의 볶음처리는 통상의 150℃, 1분의 조건에서 100℃, 10분의 처리조건으로 바꾸어 보존 중의 이취발생을 억제시킨 경험이 있다. 이것은 표면을 태우지 않게 온도를 내리고 가열시간을 연장함으로써 중심부까지 충분히 가열한 것으로 효소가 완전하게 실활되었기 때문으로 추정한다.

효소는 세포가 파괴되면 작용하므로 향기를 좋아하지 않는 경우는 절단하기 전에 블랜칭하는 방법도 있다(마늘의 무취화).

3) 맛의 변화

(1) 효소 분해

식품의 맛은 단맛, 짠(염)맛, 신맛, 쓴맛, 감칠맛 등 다섯 가지의 기본적인 맛으로 구성되어 있다. 이것들은 미뢰(味蕾)에 의해 감지되는 순수한 미각이지만, 그 외에 구강내의 피부감각(매운맛, 떫은맛), 음식을 입에 넣었을 때에 구강으로부터 비강을 빠져나가는 감각(풍미)이 섞여서 '맛'으로서 인식되는 것이 일반적이다. 기본적인 맛에 관여하는 성분은 보존 안정성이 높은 것이 많아서 엄밀한 의미에서의 미각의 변화는 색, 향기에 비해 적다.

가공식품의 보존 중에 발현하는 맛의 변화는 갈변반응, 유지의 산화반응 등에서 발현하는 수렴미(떫고 쓰고 아린 맛), 자극미, 쓴맛, 신맛 등 이른바 다양한 맛이 많다. 그 중에서 예외는 지미(맛난맛)이

표 5-16. 각종 조건에서 열처리한 간장의 Sodium 5′-Ribonucleotide의 잔존율(%)[23]

열처리 조건	24시간후	10일후	1개월후	3개월후
70℃ 바로 수냉	100.0	41.5	52.0	10.0
75℃ 바로 수냉	100.0	100.0	90.7	67.0
80℃ 바로 수냉	100.0	98.2	85.8	85.4
85℃ 바로 수냉	100.0	100.0	100.0	100.0
70℃ 20분	100.0	100.0	93.4	74.4
75℃ 20분	100.0	94.8	95.8	76.6
80℃ 20분	100.0	100.0	100.0	100.0
85℃ 20분	100.0	100.0	100.0	100.0
열처리하지 않음	25.2	0	-	-

(주) Sodium 5′-Ribonucleotide 0.05% 첨가, 보존용기 300 ㎖ 마개달린 삼각
　　플라스크

다. 통상은 글루타민산나트륨(MSG)과 정미성의 뉴클레오타이드나트륨(5′-IMP・Na, 5′-GMP・Na)을 병용하여 그 상승효과를 이용해 부여한다. 문제는 후자가 효소(주로 포스파타아제)에 의해 용이하게 분해되는 것이다.

　오이 절임에 뉴클레오타이드나트륨(핵산계 조미료)을 첨가한 예에서 하루 동안에 대부분이 분해되었던 적이 있다. 식품 중의 포스파타아제에는 미가열의 원료 동식물에서 유래되는 것, 발효에 관여하는 미생물이 생성한 것이 있다. 전자의 예는 채소절임이며, 후자의 예는 된장, 간장이다. 이러한 식품은 그 상태에서 그대로 사용하는 것은 곤란하다. 거기에서 포스파타아제의 작용을 억제하기 위해서는 식품을 80℃ 이상의 온도로 가열하여 실활시키는 방법을 취한다.

　간장의 화입(열처리)조건과 리보뉴클레오타이드의 잔존율과의 관

표 5-17. 가열조건과 Phosphatase 활성 및 Sodium 5′-Ribonucleotide 의 잔존율(%)[23]

시료	가열조건		Phosphatase 활성 (단위)	(30℃ 보존) Sodium 5′-Ribonucleotide의 잔존율(%)	
				1개월	2개월
A사 된장 (味噌)	무가열		0.1846	–	–
	80℃	5분	0.0177	76.7	50.3
		15분	0.0048	76.7	58.2
	85℃	5분	0.0035	87.3	68.8
		15분	0.0027	84.7	66.1
	90℃	5분	0.0008	84.7	66.1
		15분	0.0006	84.7	68.8
B사 된장 (味噌)	무가열		0.2390	–	–
	80℃	5분	0.0153	76.7	–
		15분	0.0095	79.4	60.8
	85℃	5분	0.0020	84.7	63.5
		15분	0.0017	84.7	63.5
	90℃	5분	0.0010	87.3	63.5
		15분	0.0006	87.3	60.8

(주) 박층 봉지포장, 온탕침지

계를 표 5-16에 나타냈으며, 된장의 가열처리와 포스파타아제 및 리보뉴클레오타이드의 잔존율과의 관계를 표 5-17에 나타냈다.

4) 보존기간의 예측

(1) 식품의 변질속도

식품개발에 있어서는 출시 전에 그 상품의 유통온도에 있어서의

보존가능기간(shelf life)을 아는 것은 중요하다. 미생물에 의한 부패는 그 식품의 균총 또는 A_w, pH로부터 추정을 할 수 있도록 화학적 변화(효소반응 포함)에 대해서도 고온도 하에서 보존하는 촉진시험에 의하여 비교적 단기간에 추정하는 것이 가능하다.

식품의 보존 중에 일어나는 화학적 변질의 인자는 온도, 수분, 산소, pH, 광선 등이다. 그것들에 의해 일어나는 변질은 어쨌든 1차반응이다. 그러므로 식품의 변질 속도식은 다음의 식과 같이 나타낼 수 있다.

$$Q = Q_0 \times e^{-Kt}$$
$$K = K_{(온도\ T)} \times K_{(수분\ m)} \times K_{(산소\ O)} \times K_{(pH)} \times K_{(광\ \nu)}$$

식품이 적정하게 포장되어 있는 경우는 보존 및 유통과정에서는 온도 이외의 인자 변화에 의한 영향은 적다고 말할 수 있으므로 변질 속도는 온도의 함수로서 위의 식은 다음과 같이 간략히 쓸 수 있다.

$$K = K_{(온도\ T)} = K_0 \times e^{-E/RT} \ (\text{Arrhenius 식})$$
$$(E: 활성화\ 에너지,\ R: 기체상수,\ T: 절대온도)$$

그래서 어떤 변질량(變質量)에 도달하는 시간은 온도의 함수로서 다음의 식으로 나타낼 수 있다.

$$\ln t_f = A_0 + A_1 (1/T)$$
$$(t_f: 어떤\ 변질량에\ 도달하는\ 시간,\ T: 보존온도,\ A_0,\ A_1: 상수)$$

온도(T_1, T_2) 간의 어떤 변질량에 도달하는 시간차는 근사적으로 다음의 식으로 표현된다.

$$\Delta(\ln t_f) = -A'\ (T_1 - T_2) = A' \times \Delta T$$

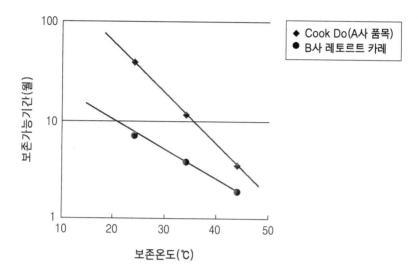

그림 5–13. T·T·T 선 그래프의 예

표 5–18. 식품의 속도배율※

식품 품질변화의 종류	속도배율	식품 품질변화의 종류	속도배율
토마토의 갈변	1.8~2.5	대두유의 산화	2.5
간장의 갈변	2.4~3.0	참기름의 산화	1.4~1.6
옥수수의 풍미변화	2.3~3.0	β-Carotene의 변화	2.7

※ 속도배율(Q_{10}) : 온도가 10℃ 올라갈 경우 품질변화 속도가 몇 배가 되는지를 나타낸다.

즉, 변질량을 상품으로서의 한계값으로 취하면 보존온도와 보존가 능기간의 대수값 사이에는 직선관계가 성립한다. 이것을 T·T·T (time temperature tolerance)라 하며, 그림으로 나타낸 것을 T·T·

T 그래프(그림 5-13)라 한다.

온도와 품질변화 속도의 관계는 표 5-18에 나타낸 것처럼 식품 또는 식품성분에 고유의 값을 취한다. 그러므로 반응속도배율을 구하면 유통온도하의 보존 가능기간의 추정이 가능하다.

속도배율은 미리 몇 단계의 온도조건 하에서 보존시험을 행하여 각 온도하의 보존 가능기간을 실험적으로 구하여 계산할 수 있다.

(2) 촉진보존시험에 의한 추정

상온유통의 식품에 대한 촉진보존시험은 다음과 같이 수행한다.

① 기준온도의 설정

식품이 보관되는 환경의 온도는 밤과 낮, 사계절을 통하여 주기적으로 변화한다. 또 유통되는 지역에 따라 다르고 보관 장소에 의해서도 다르기 때문에 이것들을 고려하여 유통온도(평균치)와 동등하다고 생각되는 「어떤 일정한 온도」 즉, **기준온도**를 설정한다.

보존기간은 「기준온도에서 먹을 수 있는 유효한계에 도달할 때까지의 기간」을 나타내므로 기준온도가 변하면 보존기간이 변한다.

기준온도는 국내유통의 경우는 안전율을 예상하여 일본의 도시에서 가장 가혹한 온도조건에 있는 오끼나와현 나하시의 평균기온(24°C), 토쿄의 평균기온(16°C), 혹은 유통창고의 평균온도를 이용하는 등 여러 가지 생각하는 방법이 있는데, 특히 공식적인 기준온도가 정해지지 않기 때문에 현시점에서는 합리적인 기준을 자체적으로 마련하고 납득할 수 있는 온도를 설정하면 좋다고 생각한다.

덧붙여서 저자의 경험에서는 시장으로부터 회수한 상온유통 1년 경과의 제품의 변질은 24°C에서 1년 경과한 것과 거의 일치하고 있었다.

② 촉진 시험온도의 설정

기준온도, 기준온도+10, 기준온도+20℃에서 정온보존시험을 행한다.

③ 변화의 정량

보존 중에 예상되는 화학적 변화 가운데 변질속도를 결정하는 항목의 변화량을 경시적으로 측정한다. 미지의 경우는 측정항목을 가능한 많이 취해서 보존 중에 일어나는 여러 가지의 변화를 파악하여 속도결정항목을 선정하는 것이 좋다. 일반적으로는 색이나 향기가 속도결정항목이 되는 경우가 많다. 변화량의 측정은 수치화한다. 관능평가에 의하지 않을 수 없는 것(향, 맛, 조직감, 매끄러움 등)은 관능검사를 평점법으로 행한다.

④ 각 온도에서의 보존가능 한계값

각 항목의 변화의 한계값을 정하여 그에 도달하는 시간을 구한다. 예를 들면, 색차의 경우는 ΔE = 5(색의 차이를 용이하게 식별할 수

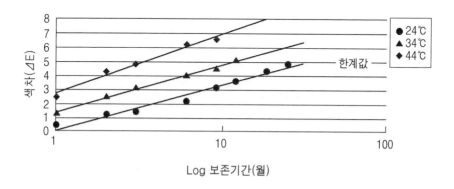

그림 5-14. 각 보존온도에서의 색 변화

있는 변화), 관능검사의 경우는 한계상태의 평점을 5점 만점에서 3점
으로 하는 등 한계값을 결정한다. 어느 경우도 변화는 복잡하며 시료
간의 불균형도 나오므로 항목별로 변화량과 시간과의 관계로부터 한
계값에 이르는 시간을 구하는 것이 편리하다(그림 5-14 참조).

⑤ 보존기간의 추정

각 항목에 대하여 기준온도+10℃ 및 기준온도+20℃의 촉진조건
하에서의 보존가능기간을 구한다. 그리고 T·T·T 그래프를 작성하
여 T·T·T선을 기준온도와 비교하여 기준온도에서의 보존 가능기
간을 추정한다. 그림 5-15의 예는 그림 5-14의 34℃, 44℃의 색조의
한계값 도달시간으로부터 기준온도 24℃일 때 보존 가능기간을 30개

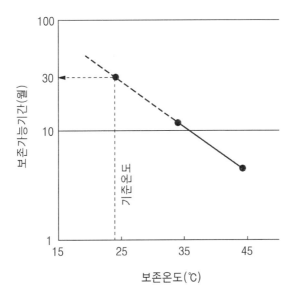

그림 5-15. 보존가능 기간의 추정

월로 추정하고 있다.

보존기간은 전 항목 중에서 가장 변화속도가 큰 것의 기준온도에 있어서의 보존 가능기간이다.

⑥ 보존기간의 확인 및 설정

추정의 정확도를 높이는 데는 보존시험을 계속하여 기준온도에 있어서의 보존 가능기간을 확인하는 것이 바람직하다. 그리고 Q_{10} 값을 산출해 두면 임의의 온도의 보존기간을 추정할 수 있다.

그러나 어쨌든 이 방법은 단기간에 보존기간을 추정하기 위한 모델계에서의 정온시험이다. 또 예를 들어, 색조의 변화만을 보아도 그 요인이 하나가 아닌 경우는 T・T・T선이 휘어져 꺾이는 경우가 있다. 최종적으로는 유통조건 하에서의 보존시험, 시장 유통제품의 추적조사로부터 보존기간을 확인하고 수정할 필요가 있다.

⑦ 보존기간 추정의 간편화

현재는 상품 개발기간이 단축되어 이 방법으로도 시간이 많이 소요되는 경우가 있다.

그래서 필자가 행한 편법을 예로서 소개한다.

[예1] 제조법(recipe)이 유사한 기존제품과의 비교 :
기준온도+20℃의 시험을 실시하고 기존제품의 기준온도 +20℃의 보존시험 결과와 비교하여 기존제품의 보존기간 으로부터 대강의 추정을 한다(상품설계의 만족정도 판단).

[예2] 변화량이 작은 레벨에서의 도달시간으로부터의 추정 :
색의 변화속도를 결정하는 계를 예로 들어 설명하면 다음 과 같다(그림 5-16).

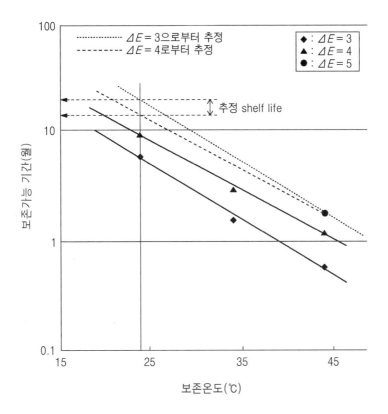

그림 5-16. 간편한 보존 가능기간의 추정법

(a) 기준온도(24℃), 기준온도+10(34℃), 기준온도+20℃(44℃)
    의 보존시험을 실시해서 색의 변화(ΔE)를 경시적으로 측정한
    다.

(b) 3 단계의 온도에 있어서의 ΔE = 3, 4에 도달하는 시간을 구
    하여 T·T·T 그래프를 작성한다.

(c) 기준온도+20℃에 있어서의 색의 변화가 한계(이 경우 ΔE =

5)에 도달하는 시간을 구하여 T·T·T 그래프상에 그려 넣는다.

(d) ΔE = 3, 4의 T·T·T선을 기준온도+20℃의 ΔE = 5 도달시간의 점까지 평행이동하고, 그 경우의 기준온도에 있어서의 도달시간을 구하여 보존기간을 대략으로 추정한다.

몇 회의 시험결과에서는 ΔE = 5의 실측치와 거의 일치하였다.

3. 물리적 변질의 제어기술

가공식품은 보관 중에 각각이 갖고 있는 특유의 물리적 성질이 변질되는 경우가 있다. 이 변질도 식감(食感) 뿐만 아니라 식미(食味)나 영양가에도 관계하여 상품으로서의 가치를 해친다. 또한 화학적 변질과 원인을 같이 하여 동시 병행하여 진행되는 경우(예; 흡습에 의한 연화와 착색)도 있기 때문에 변질의 지표가 될 수도 있다. 이와 관련되어 나타난 현상의 사례를 소개한다.

1) 흡습과 건조에 의한 식감의 변화

식품이 흡습 또는 건조에 의하여 상품가치를 잃는 것은 쉽게 이해된다고 생각하지만 일본은 비교적 다습한 환경에 있어서 겨울을 제외한 계절의 습도는 70% 이상이 되므로 건조식품은 용이하게 흡습한다. 또한 흡습에 의한 산화 및 갈변 등의 화학적 변화도 촉진되는 것은 전술한 대로이다.

모든 물질은 그것의 수분함량에 관계없이 일정한 온습도의 환경에 있어서는 수분을 방출하거나 흡수하여 일정한 수분함량이 된다(평형수분량이라고 한다). 그래서 건조식품에서는 흡습이 일어나고 다수분

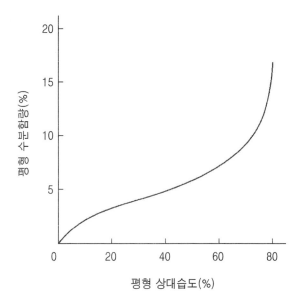

그림 5-17. 차의 등온 흡착선[24]

계식품에서는 건조가 일어나서 식감이 변화하고 상품가치를 잃는 일
이 있다.

상대습도와 거기에 대응하는 평형 수분량의 관계를 그림으로 나타
낸 것이 수분흡착등온선이다. 엽차의 수분흡착등온선을 그림 5-17에
나타냈다.

일본차의 품질은 함수율이 5% 이하가 좋다고 하여 통상 3% 정도
로 보관되고 있다. 흡착등온선에 의하면 함유율 3%에 상당하는 상대
습도는 약 16%이고, 5%는 습도로 40%이다[24]. 흡습은 습도가 높을
수록 빠르기 때문에 일본차의 경우에 방습대책을 취하지 않으면 쉽
게 상품가치를 잃게 되는 것은 분명하다.

건조 과자에서는 흡습에 의해 수분이 2~3% 증가하면 상품가치의

한계에 이른다. 스낵 과자는 초기수분이 1~2%, 한계수분은 5~6%, 비스킷은 초기수분이 3%, 한계수분은 6%라고 알려져 있다[39].

평형 수분량은 그 식품의 화학조성에 따라 다르다. 또 성분간의 상호작용이 있다. 그림 5-18은 설탕과 포도당의 혼합비율과 흡습량의 관계를 나타낸다.

설탕과 포도당은 단독으로는 흡습성이 낮음에도 불구하고 양자를 혼합했을 경우에는 상승작용을 하는 것으로 나타나고 있다. 이것과 유사한 결과가 유기산과 아미노산에 있어서도 나타난다. 식품은 식미를 우선하여 배합비를 결정하게 되고 결과적으로 흡습의 문제가 나

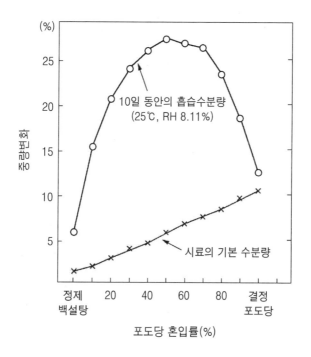

그림 5-18. 정제 백설탕과 결정 포도당의 혼합 비율별 흡습량[25]

타나는 경우가 많다. 그리고 식품은 특히 다성분으로 되어 있기 때문에 조성을 컨트롤하는 것은 지극히 어렵다.

흡습의 방지는 포장에 의해 외기와 차단하는 것이 일반적인 방법이다. 수증기 차단성이 있는 포재를 사용하고, 한층 더 흡습하기 쉬운 식품에는 건조제를 내부에 넣는다(6장 참조).

서로 다른 종류의 소재를 동봉한 경우에 수분량이 높은 소재에서 적은 소재로 수분의 이동이 일어나는 경우가 있다. 특히 건조식품에서는 제조법(recipe) 작성시에는 이 점도 유의할 필요가 있다.

흡습은 습도가 일정한 경우는 수시간부터 수일 사이에 평형에 이르므로 상품가치의 한계가 되는 평형수분량, 평형상대습도($A_w \times 100$)에 대해서는 개발시에 확인해 두는 것이 좋다. 포장재료의 선정과 연결되는 일이다.

2) 고결

건조식품 특히 분말화한 가용성식품, 예를 들어 분말간장 등에서는 자주 볼 수 있는 현상이다. 제조 당시에는 보슬보슬한 분말이 시간의 경과에 따라 분말입자가 서로 부착되어 딱딱한 덩어리가 된다. 분말제품의 고결(固結)은 흡습, 열연화, 분립체 입자간 인력으로 일어나지만 대부분은 흡습에 의하는 것으로 수분함량과 환경온도에 밀접하게 관계되어 있다.

수분함량이 많고 환경온도가 높은 경우에 고결은 촉진된다. 수분함량은 초기수분과 포장공정 또는 개봉 후의 흡습에 관계한다. 제품의 고결방지에는 ① 건조공정으로 충분히 건조한다. ② 건조품의 흡습을 막기 위해 습도가 조절된 실내에서 충진, 포장한다. ③ 수분투과성이 적은 포장재료를 이용한다. ④ 그 외에 압력(하중)에 의해서도 고결은 촉진되므로 함기량(含気量)을 늘리는 방법이 있다. 사용 단계에서 개봉 후에 흡습을 방지하려면 입자의 접촉을 막기 위해 불용성의 분말(단백질, 전분, 무기염)을 혼합하거나 혹은 분말 입자의 표면적을 작게 하기 위해 입자화 등의 방법이 채택된다.

3) 노화

보존 중에 식품의 점성이 순조로움을 잃어 무겁게 늘어지는 현상 혹은 먹을 때의 느낌이 퍼석퍼석해지는 현상이 있다. 이것은 전분을 많이 함유한 식품에서 일어나며 전분의 노화에 의하는 것이다.

전분은 물을 가하여 가열할 때 어떤 온도 이상에 도달하면 물을 흡수하여 팽화한다(α 화). 게다가 온도를 올리면 전분립의 피막이 파열되어 아밀로스가 유리되어 이른바 풀이 된다(호화). 가열에 의해 α화한 전분은 저온에서 보관하면 서서히 전분 분자가 재응집하여 분자내에 취입되었던 물을 배출한다(노화). 그 결과 매끄러움과 탄력이 없어져 퍼석퍼석한 식감(食感)이 된다. 풀의 경우는 분명히 물이 분리되어 간다.

전분의 노화에 영향을 주는 인자를 다음에 나타낸다.

(1) 온도의 영향

노화는 동결점보다 약간 높은 2~4℃가 가장 진행되기 쉽다. 전분 호액의 물이 완전하게 빙결정으로 되는 -20℃ 이하에서는 장기간에 걸쳐 노화현상은 볼 수 없다.

냉동하는 경우는 노화를 막기 위하여 급속동결이 좋다. 또 동결과 해동을 반복하면 노화가 촉진된다.

고온의 경우 60℃ 이상에서는 노화는 거의 일어나지 않는다. 전분에서 점도를 증가시킨 경우 20℃ 이상에서는 장기간에 걸쳐 노화는 보여지지 않았지만 상온은 수분량에 따라서 노화가 일어나는 미묘한 온도이다.

(2) 수분

전분의 호화에는 수분이 필요한데, 유사하게 노화의 경우도 어느 정도의 자유수가 필요하다. 수분이 10~15% 이하의 저수분식품(쌀과자, 비스킷 등)에서는 분자가 고정된 상태에 있으므로 노화는 일어나지 않는다. 가장 노화가 일어나기 쉬운 수분함량은 30~60% 정도의 범위이다.

쌀밥, 빵 등이 이 범위에 포함된다. 5~20% 농도의 풀에서는 겔화하고 한층 더 노화가 진행되면 물이 분리된다. 약한 노화의 경우는 외관은 손상되지만 가열에 의해 실용상으로는 문제가 없는 데까지 재호화한다.

(3) 전분의 종류

아밀로스는 직쇄 분자이기 때문에 용이하게 회합하기 쉽고, 노화는 아밀로스로부터 일어난다. 따라서 아밀로스 함량의 많은 전분은 노화하기 쉽다. 즉 곡류 전분은 고구마류 전분보다 노화하기 쉽다. 노화를 억제하기 위해서는 아밀로펙틴이 많거나 노화 억제효과를 지닌 화공전분을 사용한다.

(4) 호화의 정도

노화에는 호화의 정도가 크게 영향을 준다. 노화를 억제하려면 고수분하에서 충분하게 호화해서 전분 알갱이를 붕괴, 분산시키는 것도 하나의 수단이다.

(5) 공존 성분

친수성 물질인 당질, 염류, 또는 단백질, 지방질은 노화를 억제한다. 그러나 이것들은 호화 전에 첨가하면 전분 알갱이의 팽윤을 억제시키므로 역효과를 낸다. 최근 주목받고 있는 당질에 트레할로스가 있다[26]. 계면활성제도 전분 알갱이끼리의 결합이나 물의 증발억제에 의하여 노화를 억제한다(HLB가 낮은 것도 효과가 있음).

(6) 기타

이수(離水) 등의 외관이 문제가 되는 경우에는 노화하지 않는 호료(잔탄검, 구아검 등)를 병용한다. 이 경우에는 식감의 변화에 주의를 요한다. 전분풀의 식감의 특징은 입안에서 타액인 아밀라아제로 용이하게 분해되는 것이다. 그 때문에 달라붙는 느낌이 남아 있지 않지만 호료(糊料)에서는 점성이 남으므로 위화감이 생긴다.

전분풀의 보존 중의 변화에는 이 외에 점도 저하가 일어나는 일이 있다. pH 3 정도에서는 산가수분해가 일어나고, 발효식품을 배합하였을 경우에서는 아밀라아제에 의한 효소적 가수분해가 일어나는 일이 있다.

4) 에멀션 파괴

유화형 식품에는 수중(분산매)에 기름방울(분산질)이 분산된 수중유적형(水中油滴型, O/W형)과 기름 중에 물방울이 분산된 유중수적형(油中水滴型, W/O형)이 있다. 마요네즈·드레싱·크림 등 많은 식품은 O/W형이고, 버터·마가린 등은 W/O형이다. 유화(乳化)라는 것은 분산질을 안정된 상태로 유지하는 것이다. 그러기 위해서는 유화제 즉, 계면활성제를 첨가하여 기계적 교반에 의해 분산질을

아주 작게 하여 분산질의 응집을 막지 않으면 안 된다. 유화가 불안
정한 상태에 있으면 에멀션은 시간의 경과와 함께 유적(油滴)이 응
집해 유액분리 현상이 일어난다. 안정한 유화상태를 형성하려면 유화
제의 선택과 기름방울의 입경(粒徑)을 아주 작게 동시에 균질하게
하는 것이다. 유화제의 선정은 전문서적을 참고하기 바란다.

기름방울 입경을 10 μm 이하로 하면 유화가 안정하다(우유는 3μm).
입경은 에멀션의 맛과 식감에 영향을 주므로 이 관점에서부터 입경
의 선택도 필요하다. 그러나 유화가 불안정한 에멀션을 현미경으로
관찰하면 입경분포가 넓고, 거칠고 엉성한 기름방울이 혼재하고 있다.
그것이 응집을 유발하고 있으므로 균질화가 핵심이 아닌가 생각된다.

에멀션은 분산질이 적은 편이 안정하다. 식품성분 중에서 단백질은
플러스로, 염류는 마이너스로 작용한다. 또 액의 점성도 안정화에 효
과가 있다. 보관조건은 저온으로 하는 것이 바람직하다. 다만, 동결은
피하지 않으면 안 된다. 동결시키면 2상으로 분리(유액분리)된다. 이
에 대한 대책으로는 분산매(수상)에 전분, 호료를 첨가하여 점도를
올리는 것이 효과적이다. 또 진동충격도 에멀션 파괴의 원인이 된다.
수송법과 포장법을 검토할 필요가 있다.

5) 물리적 변화의 예측

이상에서 기술한 물리적 변화 가운데 흡습, 건조의 속도론적 해석
에 대해서는 설명을 하지 않았으므로 흥미있는 분은 전문서적을 참
고하기 바란다.

전분의 노화, 에멀션의 파괴에 대해서는 속도론적으로는 아직 파악
되고 있지 않기 때문에 화학적 변화와 같이 속도배율을 구하는 것은
곤란하다. 전분의 노화에 대해서는 2~5℃, 에멀션 파괴에 대해서는
30~40℃의 가혹한 조건에서 학대 테스트를 실시하여 보존성을 미

리 알고 있는 제품과 비교하여 예측하는 것이 간편한 추정방법일 것
이다.

6장. 식품개발의 공통기술(2) - 포장기술

1. 식품의 포장

1) 포장의 역할

가공식품은 종류나 양에서 모두 확대되었고, 유통의 다양화와 함께 포장도 형태와 재료 모두에서 질적으로 또한 양적으로 확대되었다. 그림 6-1은 1인당 포장재료의 소비량과 GNP와의 관계를 나타낸 것인데 GNP가 증가하면 포장재료의 소비량은 급격하게 증가한다. 포장재료의 소비량이 증가하는 것은 폐기량이 증가하는 것으로 환경문제상 바람직하다고는 할 수 없지만, 경제발전과 함께 포장의 역할 및 기능도 확대되어 그 필요성이 증가하는 것은 분명하다.

포장이라는 것은「물건을 싸서 포용하고, 물건을 묶고 고정해서 일정한 단위나 형태를 구성함과 동시에 포장된 것이 위치의 이동을 수반하는 것」이라고 정의되고 있지만[27], 그 역할에는 정의에서 말하는 기능 이외에 물건을 보호하는 것을 포함한 공업적 기능, 구매의욕을 돋구는 미적 외관, 상품컨셉의 전달 등 상업적 기능, 게다가 내용물의 표시 등 사회적 기능이 요구된다. 그림 6-2에 포장의 역할과 기능을 정리하고 분류하여 나타내었다.

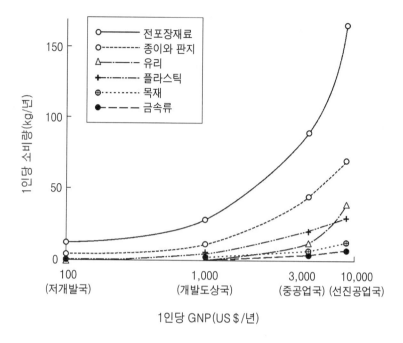

그림 6-1. 1인당 포장자재 소비예측(2000년)[27]

(1) 공업적 기능

포장의 역할 중에서도 가장 기본적인 것은 공업적 기능이다. 그리고 개발의 기술담당자로서도 가장 관계가 깊은 사항인 것은 말할 필요도 없다.

① 단위 부여

정해진 내용량과 함께 싸는 혹은 수용하는 것은 포장 본래의 역할이다. 내용물의 포장단위량의 설정은 판매정책, 소비자, 혹은 사용자의 사용실태, 사용상의 편리성으로부터 컨셉 작성단계에서 정해진다.

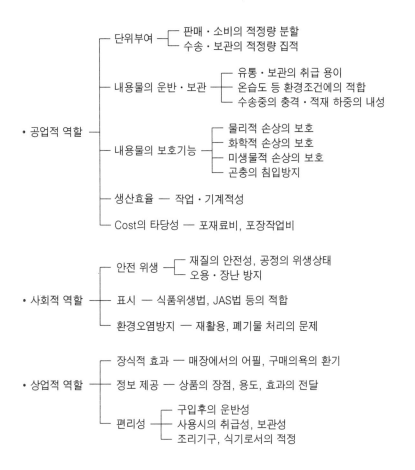

그림 6-2. 포장의 역할과 기능

또한 수송 보관상의 편의로부터 집적하여 컨테이너 단위 등으로 취급하는 일도 있다.

내용량에 대해서는 계량법에 경량한계가 정해져 있다. 한편, 일회용 상품에서 단위포장 단위는 적정 사용량을 지시하는 기능이기 때문에 과량이 반드시 좋다고는 할 수 없다. 또 과량은 손실과 같은 것이며 원가절감을 위해서도 계량의 정밀도가 필요하다.

② 내용물의 운반 및 보관

이것도 포장 본래의 기능이지만 상품의 운반과 보관을 원활히 실시할 수 있는 물류조건에 적절한 외부포장의 사양이 필요하다. 기계화, 수작업 등의 핸들링, 환경조건(상온, 냉장, 냉동, 고습도 등)에 적합한 형태와 재질이 필요하다.

내용물의 운반 및 보관에 따른 또 다른 하나의 역할에는 내부포장과 내용물의 기계적 파손으로부터의 보호가 있다. 기계적 파손에는 트럭수송 등으로 생기는 진동, 난폭한 하역 등의 충격에 의한 파손과 다단으로 적재한 경우에 정하중에 의해 일어나는 변형이 있다. 전자에는 플라스틱폼 등 완충재를 채우거나(완충포장), 포장형태, 포장재질의 선정으로 대응한다. 후자는 외장재의 강도향상, 내부 칸막이 틀의 삽입, 적재단수의 제한으로 대응한다.

③ 내용물의 보호기능

식품포장에 대해서는 식품은 섭취하는 것이며, 변질되기 쉬운 것이므로 포장의 안전 위생성과 함께 내용물의 보호에 중점을 두고 있다. 식품의 변질요인으로는 제5장에서 서술한 것처럼 미생물작용, 화학작용, 물리작용이 있다.

식품의 미각적 품질이 높아짐에 따라 음식맛의 미묘한 변화가 문제가 된다. 그것은 식품 고유의 성질에 의한 경우가 많지만 포장에 의하여 억제하는 것이 가능하다. 용기내의 식품의 변질을 촉진하는 광선, 산소, 습도 등을 차단과 제거, 향기의 휘산방지, 해충의 침입방지 등의 기능이 있다.

④ 생산효율

생산효율을 올리는 요인으로는 포장형태, 포장재료의 기계화 가능
성 여부에 크게 의존된다. 또 기계적성에 잘 안맞는 경우에는 포장기
의 일시정지가 빈발하여 실가동시간이 줄어 생산성에 영향을 준다.
생산성이 코스트에 영향을 주는 것은 당연이지만, 포장작업의 트러블
은 포장불량의 발생으로 되기 쉽다.

⑤ 코스트의 타당성

포장사양의 결정에는 코스트가 대전제가 되는 경우가 많다. 제품
코스트에 차지하는 포장비의 비율은 상품이 다양화되고 있는 현재에
는 한마디로 말할 수는 없지만 불필요한 포장은 없어야 한다. 포장재
료는 차단성과 강도 등은 필요의 최저한으로 억제하여 가능한 기존
의 규격품을 사용한다. 포장기계의 공용 등으로 가동률을 올린다. 공
장내에서 제대(製袋), 제함(製函)을 실시하여(인플랜트화), 수송, 보
관경비의 절감을 생각하는 등의 노력이 필요하다.

(2) 사회적 기능

법적 의무와 기업의 사회적 책임에 관한 것이다. 그러기 위해서는
식품위생법, 계량법, 표시법 등에 대해서는 숙지하고 있어야 한다.

① 안전위생

포장재료의 안전성은 식품과 접하는 것부터 가장 중요한 기능이며
법적으로도 재질의 기준을 준수해야 한다. 이것에 대해서는 「2) 포장
의 형태」에서 서술하겠다.

봉합불량, 이물혼입 등의 포장불량은 여러 가지의 원인으로 발생하
여 식품의 안전성을 저해하는 것이다. 포장불량의 제로화는 곤란하지

만 단위포장에 맞추어 ppm 단위로의 저감을 목표로 하지 않으면 안 된다.

용기 개봉시의 손가락 부상의 발생방지, 매장에서의 악질행위의 방지대책에 대해서도 현재의 사회정세로부터 보면 대책이 필요하다.

악질행위에 대한 대책을 완전하게 실시하려면 특수한 장비가 필요해서 완전방지를 위한 실행이 어렵다는 것이 일반적으로 인정하고 있지만, 제조자로서는 씰 첨부 등을 포함한 제대로 된 포장을 하여 내용물을 꺼내기 위해서는 열거나 찢지 않으면 안 되게 할 필요가 있다. 또한 포장이 파괴된 경우에는 그것이 용이하게 식별할 수 있도록 해야 한다.

② 표시

식품의 원료, 부원료가 다양화되었고, 가공 및 제조기술이 진보된 결과 식품은 우리와 관계가 깊은 존재가 되었지만, 소비자에게 제조기술은 이해할 수 없게 되었으며, 제조현장은 볼 수 없는 존재가 되었다. 그리고 가끔 일어나는 불상사는 소비자의 의구심을 낳고 있는 것은 사실이다.

소비자의 불안을 해소하고 선택을 가능하게 하기 위해서 제품의 내용을 소비자에게 알리는 것이 의무화되고 있다. 식품위생법에 따라서 적정한 표시를 하지 않으면 안 된다.

③ 환경오염 방지

포장재료는 제품이 소비된 후에는 폐기물이 된다. 폐기물의 처리는 용기 재활용법이 시행된 것처럼 환경보호로부터 사회문제가 되고 있다.

과잉포장의 회피, 포장재료의 재활용, 소각의 용이성(특히 유독 가스의 발생 등)은 사회적 책임으로서 포장설계에서는 검토항목으로 추가하고 싶다.

(3) 상업적 역할

상품의 매력을 만들어 판로를 좌우하는 요소이다. 포장의 기본설계
는 컨셉 작성단계에서 상업적 역할부터 정하는 일이 많다. 특히 소비
자 대상의 상품에서는 그렇게 된다. 포장기술은 상업적 역할을 기본
으로 공업적 역할을 완수하는 소재, 형태, 기법의 선정이 요구된다.

① 장식적 효과

상품에 매력을 주어 구매의욕을 유발시키기 위해서는 장식적 효과
가 불가결하다. 상품의 컨셉과 어울리고 매장에서 눈에 띄어 어필하
는 포장디자인이 필요하다.

② 정보제공

장식적 효과가 소비자의 감성에 광고하여 심리적 만족을 주는데
대하여, 정보제공은 상품의 특징이나 광고하고 싶은 것을 전달해서
소비자가 상품의 가치를 이해하여 신뢰감을 가지도록 소비자와 지적
으로 대화하는 역할이 있다. 대면판매가 줄어든 현재는 간결한 카피
로 용도, 사용법, 효과를 소비자가 매장에서 이해할 수 있도록 하는
것이 필요하다. 또한 오용의 주의와 폐기법을 표시하도록 하고 있다.

③ 편리성

용량의 설정(단위 부여)은 포장의 기본적 기능이지만 단위량은 막
연한 상습관으로부터 혹은 구입하기 쉬운 가격으로 결정하는 경우도
있지만, 소비자(사용자)의 사용 편리성으로부터 설정하는 것이 필요
하다. 사용하기 쉽고 편리한 포장은 최근에는 상품기능의 중요한 요
소이다.

이것에 대하여 가정용을 중심으로 조금 자세하게 설명하면 다음과 같다.

- 포션화 : 1회분의 소비량에 맞춘 포장으로 버터, 설탕, 조미료류에서는 증가하고 있다. 사용 후에 계량하거나 남은 것을 보관할 필요가 없다는 편리성으로 받아들이고 있다.
- 운반성 및 휴대성 : 구입상황과 소비의 TPO가 다양화하고 있기 때문에 각각의 용기로 운반하는데 편리한 부피, 중량, 포장형태가 요구된다.
- 핸들링성 : 용기의 밀봉부나 뚜껑 등을 열고 닫기 쉬움, 잡기 쉬움, 열어서 넣거나 빼내기 쉬움(액 흘림을 포함한다), 계량하기 쉬움 등 용기 사용에서의 용이성이 평가대상이다.
- 보관성 : 형태가 수납장소에 맞는 것, 사용하고 남은 것이나 중간제품을 보관할 때의 밀봉성이 확보될 수 있는 것 등이 요구된다.
- 다목적화 : 포장용기는 용기의 역할 이외에 조리 기구나 식기로 사용되고 있다. 냉동식품 등의 전자렌지 등에 의한 해동 및 가온, 컵 라면 등의 끓은 물을 사용하는 조리에 의하여 용기는 조리 기구로도 식기로도 사용된다. 그러기 위해서는 내열성, 단열성 등의 기능과 미장성이 요구된다.

가공원료용으로서는 사용하는 공장에서의 운반기기(호이스트, 포크 리프트펌프 등)로의 적응성, 작업성 향상을 위한 무계량화, 일회성으로 사용할 수 있는 포장단위 부여에 대한 요구가 높아지고 있으며, 포장주문형(포장단위, 형태가 사용자로부터 지정된 제품)도 꽤 보급되고 있는 것이 현실이다.

2) 포장의 형태

　포장은 단위포장, 내부포장, 외부포장으로 대별된다. 「Cook-Do(제품명)」의 포장인 경우에는 중화조미료를 레토르트 파우치에 충진하여(단위포장) 살균처리한 후 종이상자에 넣어 10상자씩 쉬링크 포장하고(내부포장) 종이상자에 채우는(외부포장) 형태를 취하고 있다.

　단위포장(개별포장)은 내용물 개개의 포장을 가리키는 것으로, 주로 내용량의 단위 부여, 내용물을 보호하기 위하여 적절한 용기나 필름 등에 충진하여 포장한다.

　내부포장은 단위포장한 상품의 내용물과 포장보호, 상품의 진열 효

표 6-1. 주요 플라스틱 포장재료의 약호

명　칭	약　호	명　칭	약　호
저밀도 폴리에틸렌	LDPE	나일론(폴리아미드)	Ny, PA
고밀도 폴리에틸렌	HDPE	연신 나일론	ONy
연신 폴리프로필렌	OPP(OP)	미연신 나일론	CNy
미연신 폴리프로필렌	CPP(CP)	폴리비닐알코올	PVA
염화비닐리덴코트 OPP	KOP	폴리카보네이트	PC
폴리염화비닐	PVC	에발*	EVAL*
폴리염화비닐리덴	PVCD	에틸렌초산비닐 공중합체	EVA
폴리에틸렌테레프탈레이트	PET	알루미늄 진공증착 필름	AIVM
염화비닐리덴코트 PET	KPET	(기타의 포장재료)	
일반용 폴리스티렌	PS	보통 셀로판	PT
연신 폴리스티렌	OPS	방습 셀로판	MT
내충격성 폴리스티렌	HIPS	아세테이트	CA
발포 폴리스티렌	FPS, FS	알루미늄박	Al

* 에발(EVAL)은 등록상표(에틸렌비닐알코올 공중합체)

표 6-2. 플라스틱을 사용한 포장 형태

분 류	형 태	내 용
필 름	자루 포장 (봉지 포장)	· 필로우 포장 : 필름을 통으로 말아서 봉인하고 양 끝을 밀폐한 베게 모양의 주머니 · 평 자루 : 필름을 두개 접어서 세 쪽을 봉인한 자루(삼면 봉인)와 필름 2매를 합쳐서 네 쪽을 봉인한 자루(사면 봉인)가 있다. · 가제트 자루 : 동체의 양옆에서 접은 부위를 붙여서 펼치면 직육면체가 되는 자립성이 있는 자루 · 스탠딩 파우치 : 밑바닥을 접어 넣어 바닥을 넓어지게 한 자립성 있는 자루
	스트레치 포장	제품을 넣은 트레이에 염화비닐 등 신장성이 있는 필름을 잡아 늘리면서 밀착시켜 주변을 접어서 포장한다.
	쉬링크 포장	열수축성 필름으로 대강 포장하고 열풍 또는 적외선 가열로에서 수축시켜 내용물에 필착시켜 마무리한다. 봉함, 집적의 목적에 사용된다.
	스트립 포장	2매의 필름을 우묵한 곳에 부착된 2개의 가열 롤 사이에서 서로 마주하면서 우묵한 부분에 정제나 분말을 끼워 넣어 연속띠 모양으로 구획 포장한다.
	접기식 포장	직육면체의 식품을 얹히고 그 능선을 따라서 포재를 접어 포장한다. 캐러멜 등의 낱개 포장에 사용된다.
	비틀기식 포장	고형의 식품을 포재에 씌우고 양 끝을 비틀어 포장한다. 엿 등의 포장
	슬리브 포장	제품에 필름을 둘러 감는 것으로 완성하는 포장
	스파이럴 포장	원통상의 물품에 테이프형의 포재를 덩굴처럼 말아 감는 포장

(계속)

분 류	형 태	내 용
성형품	트레이 포장	시트를 사전에 접시모양으로 성형하고 내용물을 담은 후 스트레치 포장 또는 필로우 봉지에 넣어서 포장한다. 반찬(부식물), 신선식품 등의 포장
	블리스터 포장	요철형으로 성형한 시트에 내용물을 충진한 후 시트 혹은 판지의 덮개를 봉인한다. 슬라이스 햄 등에 사용된다.
	Bottle 포장	용도, 기능성, 성형성에서 다양한 형상의 bottle이 있다. 대별하면 경질 bottle과 연질로 형상이 복원되는 스퀴즈 bottle이 있다.
	컵 포장	용기의 깊이가 구경의 1/2 이상의 용기를 컵이라 한다. 개폐성이 있는 뚜껑 또는 필름을 heat sealing 하여 덮는다.
	콘투어 포장	염화비닐 시트 등을 식품의 형태로 성형하여 두고 그 용기에 식품을 넣어 포장한다. 날계란 등에 사용된다.
복합형	Bag in Box	골판지 상자 안에 입구 마개의 플라스틱 봉지를 집어 넣고 그 플라스틱의 입구로 액체식품을 충진한다. 내용량은 3~25리터의 액체 수송용 용기

과, 소량 판매단위 부여 등 상업적 가치를 부여하기 위하여 상자, 봉투, 캔 등에 넣는 것이다.

외부포장은 내부포장한 것을 판매단위의 부여, 운반 및 보관을 위하여 상자, 봉투, 캔 등의 용기에 넣지만 끈이나 밴드로 결속한다.

현재는 이것들을 조합한 복합포장, 대형수송을 위한 탱크로리, 컨테이너나 벌크 수송선박 등의 다양한 포장이 있다.

용기의 형태는 재료에 의하여 정해지는 경우가 많다. 용기 형태의 대표적인 것에는 금속관, 유리병, 종이상자 등이 있다. 이러한 고전적인 포장재료에 대한 최근의 재질, 제조법에 대해서는 전문서적을 참조하도록 하고, 그 출현으로 포장용기에 혁명을 일으킨 플라스틱 포장재료에 대하여 설명한다.

플라스틱은 가공성이 뛰어나고 특성별로 다품종이 개발되고 있으므로 거의 모든 형태의 포장용기를 만들 수 있다. 그리고 작게는 포션팩(portion pack)부터 크게는 컨테이너에 이르기까지의 용량이 갖추어져 있다. 그리고 경제성이 뛰어난 것이 큰 장점이다.

그들 중 주요한 것들의 종류와 약호를 표 6-1에 나타냈다. 또한 플라스틱을 사용한 단위포장용 포장형태에 대하여 주요한 것들을 표 6-2에 나타내었다.

2. 포장재료

1) 포장재료의 요건

현재에는 식품은 품종, 유통조건, 조리법에 있어서 다양화되고 있고 거기에 따라서 포장재료에 요구되는 조건은 다면화되고 있다. 포장재료로서 필요한 여러 성질을 그림 6-3에 나타내었다. 일반적으로 포장재료에 요구되는 성질은 위생성, 보호성, 작업성, 편리성, 상품성, 경제성이지만 식품포장에 대해서는 이러한 여러 성질 중에서도 안전위생성과 보호성이 중요하다.

안전위생성은 인체에 유해한 물질의 사용과 용출의 유무에 대한 문제이다. 안전위생성은 식품위생법으로부터 규제되고 있다.

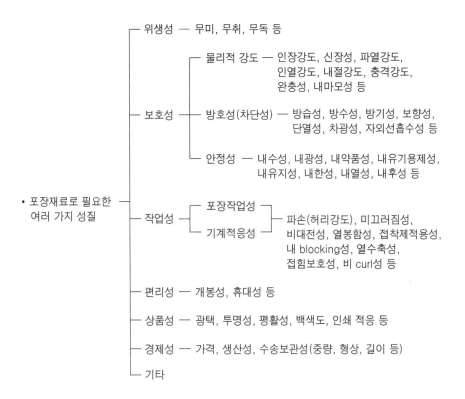

그림 6-3. 포장 재료로서 필요한 여러 가지 성질[29]

주요한 포장재료의 보호성을 비교하여 표 6-3에 나타냈다.

보호성은 먼저 식품 전반의 공통조건으로서 물리적 강도이다. 외력에 의한 내용물의 파손이나 누설을 방지하기 위해서는 포재(包材) 자체가 강하지 않으면 안 된다.

그 다음에 차단성, 안정성이 식품 개개의 성질과 유통조건 및 사용 조건에 적합한 것이 필요하다. 특히, 기체 차단성, 방습성은 식품의 보존성에 대한 영향이 크기 때문에 선정상 중요시되고 있다. 그 외

보향성(保香性), 차광성이 필요한 식품도 있다.

사용상으로부터는 전자렌지가열, 열탕침지가열, 열탕주입 등 고온으로 가열되는 경우가 있다. 또, 냉동식품에서는 -20℃ 이하의 저온에서 보관 유통된다. 이러한 사용조건에 적합한 안정성도 선정할 때는 중요하다.

표 6-3. 주요 포장재료의 물성 비교

물성 포장재료	물리적 강도		차단성			안정성		
	일반강도	허리강도	방습	가스차단	광차단	내油성	내한성	내열성
나무 또는 대나무	○	○	○	○	◎	×	○	×
유 리	◎	◎	◎	◎	×	◎	○	○
금 속	◎	◎	◎	◎	◎	◎	◎	◎
알루미늄박	×	×	◎	◎	◎	◎	◎	◎
종 이	×	○	×	○	○	×	◎	×
섬유포	○	×	×	×	◎	×	◎	×
셀로판지	○	○	×	◎	×	◎	×	○
저밀도 폴리에틸렌	○	×	○	×	○	×	○	×
고밀도 폴리에틸렌	○	○	○	×	○	○	○	◎
연신 폴리프로필렌	○	○	○	×	×	○	×	◎
경질 염화비닐	○	◎	○	○	×	○	×	○
연질 염화비닐	○	×	×	×	×	○	○	×
연신 폴리스티렌	○	◎	×	×	×	○	○	○
염화비닐리덴 공중합체	○	×	◎	◎	○	◎	○	◎
폴리에틸렌테레프탈레이트	◎	◎	○	○	×	◎	◎	◎
폴리카보네이트	◎	◎	○	○	×	◎	◎	◎

◎ : 우수   ○ : 양호   × : 불량

표 6-4. 각종 단체 필름의 가스 차단성[30]

필름의 명칭	가스 투과도 (cc/m², 24h, atm)			투습도 (g/m², 24h) 40℃, 90%RH
	탄산 가스	질소 가스	산소 가스	
저밀도 폴리에틸렌	42,500	2,800	7,900	24~48
고밀도 폴리에틸렌	9,100	660	2,900	22
무연신 폴리프로필렌	12,600	760	3,800	22~34
2축연신 폴리프로필렌	8,500	315	2,500	3~5
사란코트 2축연신 폴리프로필렌	8~80	8~30	<16	5
보통 셀로판	6~90	8~25	3~80	>720
방습 셀로판	–	–	40*	8~16
사란코트 셀로판	–	–	15*	<12
폴리에스테르	240~400	11~16	95~130	20~24
무연신 나일론	160~190	14	40	240~360
2축연신 나일론	–	–	30*	90
사란코트 2축연신 나일론	–	–	10*	4~6
폴리염화비닐	320~790	30~80	80~320	5~6
염화비닐리덴, 염화비닐 공중합체	60~700	2~23	13~110	3~6
폴리스티렌	14,000	880	5,500	110~160
폴리카보네이트	17,000	790	4,700	170
에발	–	–	2*	30
SM	–	–	4*	23
OV	–	–	3*	4
K-플렉스**	–	–	10*	2
폴리아크릴로나이트릴	–	–	3*	20

(주1) 사란코트필름의 수치는 코트제의 종류와 양에 따라 다르다.
(주2) 가스 투과도의 측정조건 및 측정방법
　　　무표시 : 25℃, 50%RH, ASTM D1434-66
　　　* 표시 : 27℃, 65%RH, 동압산소전극법
(주3) 가스 투과도 및 투습도는 전부 두께 25 ㎛로 환산한 수치를 기재하였다.
(주4) ** 표시의 K-플렉스 수치는 OPP/K-플렉스/CPP의 라미네이트 수치를 표시하였다.

표 6-5. 각종 복합필름의 가스 차단성[31]

복합 필름의 구성	두께 (μm)	수증기 투과량 (g/m², 24h) 40℃, 90%RH	산소가스 투과량 (cc/m², 24h, atm) 0~100%RH	용 도
보통 셀로판/LDPE	20/40	20	10~200	라면, 분말치즈
연신 폴리프로필렌/LDPE	20/40	5	1,500~2,000	라면
폴리에스테르/LDPE	12/40	15	120	절임류
연신 나일론/LDPE	15/40	16	30~120	냉동식품
K코트 셀로판/LDPE	22/50	4	5~15	된장
K코트 폴리프로필렌/LDPE	20/40	4	5~15	야채절임
K코트 폴리에스테르/LDPE	16/50	6	5~15	라면스프
K코트 나일론/LDPE	15/50	7	5~15	햄버거, 향신료
OV/LDPE	15/15	4	0.5~2	김, 가다랭이포, 야채절임
OPP/EVAL/LDPE	20/17/40	6	67	가다랭이포
폴리에스테르/Al/LDPE	12/7/40	0	0	분말치즈
폴리에스테르/알루미늄증착/LDPE	12/-/40	0.1	2	차

  식품포장에 있어서 포장재료의 기능상의 고도화 요구는 제품의 특성, 사용조건, 유통조건이 다양화됨과 동시에 더욱 높아지고 있다. 또한 환경문제와 경제성 등이 문제시되고 있다.
  이러한 요구에 대응하는 기능개선을 한 가지 재료의 개선에 의지하려 하는 것은 재료 각각에 고유한 문제가 있어 한계가 있다. 현재

취하고 있는 방법은 플라스틱을 중심으로 재료를 복합화하는 것으로 각각의 재료의 결점을 보완해서 기능을 향상하는 것이다. 전통적인 포장재료도 복합화되어 새로운 용도로 활용되는 사례도 많다.

종이제품은 최대의 약점인 내수성을 플라스틱과 적층하는 것으로서 해결하고 금속관은 플라스틱을 내면에 코팅하는 것으로서 녹스는 것을 해결할 수 있었다. 플라스틱도 성능이 다른 수지를 적층, 접착(플라스틱 라미네이트)하는 것으로 기능을 개선한 것이 다수 개발되고 있다(표 6-4, 표 6-5).

또한 알루미늄박을 라미네이트하여 광선, 기체, 습도의 차단성을 완전하게 한 것, 플라스틱필름에 유화수지를 코팅(예, 염화비닐리덴 코트)한 것, 알루미늄을 진공고온에서 증착하는 기능개선과 함께 경제성을 더한 포재(包材)도 개발되고 있다. 적절한 포장재료의 선정으로부터 각종의 요구사항을 해결하는 것이 가능하다.

2) 포장재료의 안전성

(1) 용기포장의 규격기준

식품에 이용되는 용기포장은 식품의 안전확보를 위하여 유해한 물질의 혼입방지에 대하여 식품위생법에 의해서 규격기준, 시험법이 정해져 있다. 식품위생법에는 「용기포장이란 식품 또는 첨가물을 수용 또는 싸고 있는 것으로 식품 또는 첨가물을 주고받을 경우 그대로 인도하는 것을 말한다」고 되어 있다. 즉, 주로 규격기준을 준수하는 것은 단위포장이며, 운반용의 바깥상자는 제외할 수 있다. 한편, 식품위생법에는 용기포장과 기구는 일괄해서 다루어지고 있으며, 식품 및 첨가물의 제조, 가공, 조리, 운반 등에 이용되고 또한 내용물에 직접 접촉하는 기계 및 기구는 용기포장과 같이 안전성이 확보되지 않으면 안 된다는 것을 덧붙여 둔다.

포장재료와 용기를 화학적인 면에서 안전하게 하는 기본원칙은 다음과 같다.

(a) 용기 및 포장재료의 제조가공에는 유해한 물질을 사용하지 않는다.

(b) 그래도 사용할 수밖에 없는 경우는 용출되거나 침출되어 식품에 혼합되지 않는 구조로 한다.

(c) 그러한 구조를 만드는 것이 곤란한 경우는 식품에 혼합되는 물질의 양이 인체에 나쁜 영향을 주지 않은 양 이하로 한다.

각종의 용기포장의 규격기준과 그 시험법에 대해서는 「식품, 첨가물 등의 규격기준」 중의 「기구 및 용기포장의 규격기준」 항을 참조하기 바란다. 각종 포장용기의 규격기준의 개요를 표 6-6에 나타냈다.

① 유리, 도자기, 법랑 관련 제품

700℃ 이상으로 구워지고 있으므로 유기화합물의 문제는 없지만, 크리스탈유리, 도자기, 법랑 관련 식기의 유약이나 그림의 물감으로부터 납, 카드뮴 등 금속염의 용출이 문제가 된다.

② 합성수지(플라스틱) 제품

합성수지는 에틸렌, 스틸렌 등의 중합성을 가지는 단위 화합물(monomer)을 화학적으로 결합시킨 고분자화합물에 첨가물을 가하여 필름이나 쉬트 등으로 가공한 것이다. 플라스틱 제품은 공업용을 포함하면 제품의 종류가 매우 많아 그 제조에 이용되는 원료 모노머와 첨가물은 1,000종류 이상이 있다.

표 6-6. 재질별 규격 항목

항 목		유리, 도자기, 법랑	합성수지	고무	금속관*
재질시험	납		◎	◎	
	카드뮴		◎	◎	
	비소				
	디부틸주석화합물		○		
	크레졸인산에스테르		○		
	염화비닐모노머		○		
	염화비닐리덴모노머		○		
	바륨		○		
	휘발성물질		○		
	2-메틸캅토이미다존			○	
용출시험	중금속		◎	◎	
	납	○			◎
	카드뮴	○			◎
	비소				◎
	아연			◎	
	과망간산칼륨 소비량		◎		
	증발잔류물/H_2O		○	○	○
	증발잔류물/4%초산		○		○
	증발잔류물/20%에탄올		○	○	○
	증발잔류물/n-헵탄		○		○
	페놀		○	◎	○
	포름알데히드		○	◎	○
	안티몬		○		
	게르마늄		○		
	메타크릴산메칠		○		
	ε-카프로락탐		○		
	에피클로로히드린산				○
	염화비닐				○

◎ : 전 품종 공통   ○ : 일부 품종

* : 건조한 식품(유지 및 지방성 식품을 제외)을 내용물로 하는 것을 제외

표 6-7. 주요 플라스틱 첨가제의 종류[32]

첨가제 종류	화합물(예)
가소제	프탈산에스테르계(프탈산디옥틸), 에폭시계(에폭시화대두유), 인산에스테르계(크레졸인산에스테르), 지방산에스테르계(스테아린산부틸), 구연산에스테르계(아세틸구연산트리부틸), 아디핀산계, 세바신산계
산화방지제	페놀계[디부틸히드록시톨루엔(BHT), 4,4-티오비스(3-메틸-6-부틸페놀)], 인계(트리페닐포스페이트), 아민계(페닐-α-나프틸아민, N,N-디페닐-p-페닐렌디아민), 유황계(머캅토벤조티아졸)
안정제	금속비누(고지방산계의 Na, Mg, Ca, Ba, Zn, Cd, Sn, Pb염), 무기산염(PbO), 아민화합물(요소), 유기금속화합물(Sn, Pb, Sb), 유기산염(아세토초산칼슘)
자외선흡수제	살리실산페닐, 벤조트리아졸, 2-히드록시벤조페논
대전방지제	N-아실사르코신, N,N-비스(2-히드록시에틸)알킬아민
난연제	염소화파라핀, 4-브롬화비스페놀 A, 폴리브롬화바이페닐, 비스클로로프로필
착색제, 안료	• 무기안료 : 백색(TiO_2, ZnO, $BaSO_4$, $CaCO_3$), 흑(카본블랙), 적(Fe_2O_3, CdSnHgS), 청(군청), 황($CdS+BaSO_4$, $SrCrO_4 \cdot ZnCrO_4$), 녹($Cr_2O_3 \cdot 2H_2O \cdot ZnO \cdot nCoO$) • 유기안료 : 황(벤진옐로우), 적(톨루이딘레드), 청(프탈로시아닌블루)
발포제	구연산, 아디핀산, 아조디카르본산아미드, 부탄, 펜탄, 디플로로디클로르메탄, N,N-디니트로소펜타메틸렌테트라아민
활제, 이형제	오가노폴리실옥산, 파라핀, 지방산의 알카리금속염, 스테아린산아연, 몬탄로우
중합개시제	과산화벤조일, 디쿠밀퍼옥사이드
유화제	알킬벤젠설폰산나트륨, 폴리에틸렌글리콜
유화안정제	벤토나이트, 메틸셀룰로스, 젤라틴, 유황바륨
충진제	유황바륨, 유황칼슘, 클레이, 카올린, 실리카, 산화마그네슘

그 중에는 꽤 독성이 있는 것도 포함되어 있다. 중합된 분자에는 독성이나 발암성은 없지만 원료 모노머에는 급성 독성이 강한 것과 발암성이 있는 것이 있다. 따라서 이러한 모노머가 잔류하면 식품위생상 문제가 된다. 또 플라스틱의 물리적, 화학적 성질 및 상품가치의 향상을 위해서 여러 가지의 첨가제가 사용된다. 첨가제에 대해서도 독성이 강한 것은 사용이 규제(사용량 규제를 포함)되고 있다. 주된 첨가제를 표 6-7에 나타냈다.

원료 모노머 및 첨가제, 게다가 그의 분해 생성물이 용출되면 식품을 오염시킬 위험이 있다. 용출량은 재질 중의 함유량이 많으면 많아진다. 그리고 접촉하는 식품의 성상(유성, 수성, pH)과 접촉조건(온도, 시간, 접촉면적)에 영향을 받는다. 첨가제의 상당수는 유기용제에는 가용성이나 물에는 난용성이다. 따라서 유성 식품, 알코올성 식품 등에는 용출되기 쉽다. 또 접촉온도가 높은 편이 용출되기 쉽기 때문에 컵라면 등 뜨거운 물이 들어가는 용기에서는 용출에 유의할 필요가 있다. 따라서 규격기준은 재질과 함께 각종 침출조건을 상정한 용출량의 한계를 정하고 있다.

③ 금속관

금속관의 재질은 철계[양철, TFS(thin free steel), LTS(low thin steel)]와 알루미늄이 있다. 금속관은 부식에 의한 용출과 내면을 플라스틱으로 코팅한 것에는 코팅제로부터의 용출에 관계하는 8가지 항목에 대해 규격기준이 정해져 있다.

그 외에 청량음료수의 성분규격에서는 주석 150 μg/mℓ 이하로 정해져 있다. 주석은 수백 ppm 이상이 되면 그것을 섭취했을 경우 복통, 구토, 설사, 두통 등의 일과성의 급성중독을 일으킨다. 주석의 용출량은 보존기간이 길수록 보존온도가 높을수록 증가 한다. 또한 산소와 산에 의해 부식되어 용출한다. 양철관은 도금한 주석이 용출되어 중독을 일으킬 위험성이 있지만 플라스틱으로 전면 도장한 관은 주석의 용출이 적어 안심된다. 주석 중독을 막으려면 식품의 종류에 따라서 적정한 용기관을 선택할 필요가 있다. 또 양철관은 개봉한 후에는 공기와 접촉하면 주석의 용출이 급격하게 증가한다. 그래서 양철관은 개봉 후 식품을 다른 용기로 옮기는 것이 좋다[33].

④ 고무

고무에는 천연고무와 합성고무가 있다. 식품의 포장재료로는 패킹 정도 이외에는 그다지 사용되지 않지만 규격항목은 거의 플라스틱과 같다. 고무는 플라스틱과 같이 첨가제를 가하지만 고유의 것으로 가류제(加硫劑), 가류촉진제가 있다. 가류촉진제의 일종인 2-메틸캅토이미다졸린은 염소를 포함한 합성고무의 제조에 사용되지만 발암성의 의심이 있으므로 식품관계에서는 사용이 제한되고 있다.

⑤ 종이제품

종이제품에 대해서는 규격기준은 없지만, 일본 후생성 고시로 형광도료의 용출을 인정하지 않고 PCB의 함유량을 5 ppm 이하로 하는 잠정기준이 있다. 덧붙여 종이의 표면에 합성수지를 피복한 것은 합성수지의 규격기준이 적용된다.

(2) 포장재료의 물성 등의 규격기준

용기포장의 재질불량에 의한 식품의 손상을 방지하기 위하여 포장재료의 물성 등의 시험항목 및 시험법이 JIS 규격에 정해져 있다. 유연재 포장재료, 유리병(「탄산음료용 유리병」만 규정되고 있다), 식품용 금속관의 시험항목을 표 6-8, 표 6-9, 표 6-10에 각각 나타내었다.

표 6-8. 유리 용기의 시험항목[35]

시험항목 \ 명칭	S 2351 탄산음료용 유리병	S 2301 탄산음료용 유리병의 두께측정방법	S 2302 탄산음료용 유리병의 내내압력시험방법	S 2303 탄산음료용 유리병의 기계 충격시험방법	S 2304 탄산음료용 유리병의 열충격시험방법	S 2305 탄산음료용 유리병의 변형시험방법	S 2306 탄산음료용 유리병의 비산방지 성능시험방법
용량	○						
질량	○						
높이(최고부)	○						
동체직경(최대부)	○						
용기두께	○	○					
내내압력강도	○		○				
기계충격강도	○			○			
내열충격강도	○				○		
변형	○					○	
비산방지성능							○

표 6-9. 식품 포장용 유연재 포장재료의 시험항목[34]

시험항목 \ JIS / 명칭	Z 1520 파라핀지	Z 1514 폴리에틸렌 가공지	Z 1515 염화비닐리덴 가공지	Z 1520 알루미늄 가공지	Z 1521 셀로판
두께	○				○
폴리에틸렌 가공 두께					
도포율	○				
평량(무게, g/m^2)	○				○
인장강도	○	○	○		○
신장성					○
인열강도	○		○		
파열강도	○	○	○		
충격강도					
낙하강도					
내압축강도					
누설성					
봉합강도		○			○
기체투과도					
투습도	○	○	○	○	○
불투명도	○				
내저지(blocking)도		○	○		
내열조건(내열성)					
내한조건(내한성)					
내한도		○	○		
유지(油脂)투과도			○		
내유도(耐油度)					
평활도	○				
응고점	○				

○ : 적용되는 시험항목을 표시

＊ : 식품포장용 플라스틱 필름은 단체필름과 복합필름으로 구성되어 있는데 'JIS Z 1702 포장용 폴리에틸렌 필름'과 'JIS K 6782 일반용 2축연신 폴리프로필렌 필름'은 단체필름에 해당하는 것으로 기재를 생략하였다.

(계속)

Z 1526 폴리에틸렌 가공셀로판	Z 1707 식품 포장용 플라스틱 필름[*]	Z 0238 밀봉연포장 봉지의 시험방법	비 고 측정법의 기재를 생략한 시험항목
○			JIS Z 1526 참조
			JIS Z 1520 참조
○	○		
○	○		
○	○		
	○		
		○	
		○	
		○	
○	○	○	
	○		
○	○		JIS P 8138 참조
	○		
	○		
	○		
	○		
			JIS P 8119 참조
			JIS Z 1510 참조

표 6-10. 식품용 금속캔의 시험항목[36]

명칭 \ JIS 시험항목	Z 1602 함석판제 18L 캔	Z 1571 식품 통조림용 금속캔
누설시험	○	
내압시험	○	○

표 6-11. 용기 포장의 용도별 강도 등 시험항목[37]

식품 및 우유 등의 종류	용기 포장의 종류	밀봉 또는 밀전 방법	내용물 외
용기포장가압 가열살균식품[※1]	유리제 및 금속제 이외	전부	전부
청량 음료수[※1]	유리제	전부	탄산함유
			열충전
			상기 이외 충전
	금속제	개구부에 금속을 사용	내압이 대기압을 초과
			내압이 대기압과 동등 또는 그 이하
		개구부에 금속 이외를 사용	전부
			개구부의 재질
	합성수지가공지제	열밀봉관	전부
	합성수지제 및 합성수지가공 알루미늄박제품		전부
	합성수지제, 합성수지가공지제 및 합성수지가공 알루미늄박제품	금속제의 병마개 등	탄산함유
			열충전
			상기 이외로 충전
		기타	전부
	조합으로(금속, 합성수지, 합성수지가공지 또는 합성수지가공알루미늄박 중에서 2 이상을 사용한다)	열밀봉관	전부
		전부	열충전
		열밀봉관 이외	열충전 이외

(계속)

강도 등 시험항목											
낙하	핀홀	누수	내압축	봉관강도	열봉관강도	파열강도	찔림강도	내압	지속내압	내감압	지속내감압
○					○			○			
									○		
										○	
		○									
								○			
										○	
	○										
						○	○				
○	○			○							
○	○	○									
○	○								○		
○	○										○
○	○	○									
○	○										
○	○										
○	○									○	
○	○	○									

표 6-11. 용기 포장의 용도별 강도 등 시험항목[37]

식품 및 우유 등의 종류	용기 포장의 종류	밀봉 또는 밀전 방법	내용물 외
야채 절임류[※2]	유리제, 금속제, 나무통제 및 항아리제 이외	전부	전부
우유, 특별우유, 살균산양유, 부분탈지유, 탈지유,	유리병		
	폴리에틸렌제 및 폴리에틸렌가공지제	열밀봉관	
발효유, 유산균 음료, 유음료[※3]	유리병		
	금속관		
	폴리에틸렌제 및 폴리에틸렌가공지제	열밀봉관	
	폴리에틸렌가공지제 및 폴리에틸렌제	합성수지가공 알루미늄박 에밀전	폴리에틸렌가공지
			폴리에틸렌
			합성수지가공 알루미늄박
조제분유[※4]	금속관	개구부에 금속을 사용	
		개구부에폴리 에틸렌 및 폴리 에틸렌테레프탈 레이트를 사용	
	합성수지 라미네이트	열밀봉관	

○ : 적용되는 강도 등의 시험항목을 표시한다.
[※1] : 후생성고시 제20호(1982)
[※2] : 환식 제214호(1981)
[※3] : 후생성령 제17호(1979)
[※4] : 후생성령 제35호(1983)
(주) : [※3], [※4]에 나타낸 것 이외의 용기를 사용하는 경우에는 후생장관의 승인을 필요로 한다.

(계속)

강도 등 시험항목											
낙하	핀홀	누수	내압축	봉관강도	열봉관강도	파열강도	찔림강도	내압	지속내압	내감압	지속내감압
○			○								
	○			○		○					
	○			○		○					
	○			○		○					
	○			○			○				
							○				
				○							
				○							
				○		○					

식품위생법에서는 식품용 용기포장의 용도별 규격으로 강도시험이 정해져 있다. 그 식품 등의 시험항목을 표 6-11에 나타내었다.

3) 포장의 식품보호 특성

(1) 방습포장

식품의 흡습을 방지하려면 금속관, 유리병 등 수증기를 투과하지

$$t = \frac{W(C_2-C_1) \times 10^{-2}}{RA(h_1-h_2)K} \quad \text{및} \quad R = \frac{W(C_2-C_1) \times 10^{-2}}{tA(h_1-h_2)K}$$

t : 허용 한계수분 이하에서 보존가능 기간(day)
R : 투습도($g/m^2 \cdot day$)
W : 식품 내용물의 중량(g)
C_1 : 포장시 식품의 수분(%)
C_2 : 상품가치 유지 가능한 식품의 한계수분(%)
A : 포장재료의 표면적(m^2)
h_1 : 저장환경의 평균습도(%)
h_2 : 포장용기 내부의 습도(%)
K : 필름의 종류와 저장환경 온도에 의하여 결정되는 정수

각종 필름의 K 값[38]

필름 \ 온도(℃)	40	35	30	25	20	15	10	5	0
폴리스티렌	1.11×10^{-2}	0.85×10^{-2}	0.64×10^{-2}	0.48×10^{-2}	0.35×10^{-2}	2.75×10^{-3}	1.84×10^{-3}	1.31×10^{-3}	0.92×10^{-3}
폴리염화비닐 연질	〃	0.73	0.49	0.31	0.20	1.26	0.78	0.46	0.28
폴리염화비닐 경질	〃	0.80	0.58	0.41	0.29	1.99	1.36	0.90	0.61
폴리에스테르	〃	0.73	0.49	0.31	0.20	1.29	0.81	0.48	0.29
폴리에틸렌 저밀도	〃	0.70	0.45	0.28	0.18	1.05	0.63	0.36	0.21
폴리에틸렌 고밀도	〃	0.69	0.44	0.27	0.17	1.00	0.59	0.33	0.19
폴리프로필렌	〃	0.69	0.43	0.25	0.16	0.92	0.53	0.29	0.17
폴리염화비닐리덴	〃	0.65	0.39	0.22	0.13	0.74	0.40	0.21	0.11

그림 6-4. 방습포장 설계식

않는 포장재료를 사용해서 밀폐하는 것이 가장 확실한 방법이다. 그러나 경제적으로 소형화가 용이해서 가벼운 플라스틱 필름이 많이 사용되고 있다. 사용되는 필름은 투습도가 낮은 에발(EVAL), 알루미늄박을 라미네이트한 필름, 염화비닐리덴코트(K코트, 사란코트), 알루미늄을 증착한 필름 등이 있다. 알루미늄을 사용한 필름을 제외하여 다소나마 수증기를 투과하므로 포장재료의 선정에 있어서는 적정한 방습설계가 필요하다.

식품을 어떤 포장재료로 포장하였을 경우에 허용한계수분 이하로 유지할 수 있는 기간(t)과 일정기간, 한계수분 이하로 유지하는데 필요한 포장재료의 투습도(R)의 계산에는 그림 6-4의 식이 사용되고

$$W = \frac{ARM}{K} + \frac{D}{2}$$

W : 실리카겔의 사용량(kg)
A : 포장 전면적(m^2)
M : 기간(month)
R : 포장재료의 투습도($g/m^2/day$)
D : 포장내의 흡습성의 어떤 포장재료(kg)
K : 예상되는 외기 조건에 의한 계수

예상되는 외기 조건에 의한 계수(K)

포장체의 외기 조건	평균 온습도	기호	K
매우 고온 다습한 경우	35~40℃, 90%RH 정도	I	12
고온 다습한 경우	30℃, 90%RH	II	20
비교적 고온 다습한 경우	25℃, 80%RH	III	30
통상의 온습도	20℃, 70%RH	IV	60

그림 6-5. 실리카겔의 사용량 계산법(JIS Z 0301)

있다. 이 식은 실측치와 오차가 큰 경우도 있어서 이론적으로 문제가 있는 것 같지만[38], 간단히 구할 수 있다는 것을 생각하면 실용적 의미는 있다고 생각한다. 정확한 시험을 실시해도 실제의 유통 보관에 있어서의 환경조건은 차이가 크기 때문에 이 식에 의해 산출되는 결과는 어디까지나 추정치일 뿐이다.

식품의 흡습방지에는 적정한 포장재료를 사용하는 것 이외에 실리카겔, 염화칼슘, 산화칼슘 등의 건조제를 봉입하여 포장하는 경우가 많다. 실리카겔의 사용량을 계산하는 방법을 그림 6-5에 나타내었다.

(2) 산화방지 포장

식품성분의 화학적 변질은 유지의 산패취, 색소의 분해, 비타민 등 영양성분의 분해 등이 있는데, 화학적 변질에는 산소가 관여하고 있는 경우가 많다. 산소는 미량으로 작용[39]하기 때문에 변질을 방지하기 위해서는 각각의 식품의 산소 감수성에 맞게 용기내의 산소를 제거하는 포장기술이 유효한 수단이다. 병행하여 산소 차단성이 높은 포재를 사용하는 방법이 실시되고 있다(표 6-12 참조).

① 진공포장

진공포장은 포장계내로부터 산소를 배제하는 것에 의하여 식품의 선도 등 품질의 변화를 억제하는 포장기법이다. 진공도가 낮은 것은 대기 중에서 포장입구를 가열 밀봉하기 직전에 포장내부를 흡인 탈기한 상태로 봉한다. 진공도를 높게 하는 경우에는 봉합장치가 내장된 기기에 봉투를 넣어 탈기하고 밀봉한 후에 꺼내는 방법이 이용된다.

포장형태에는 파우치, 피로포장, 성형용기, 스킨팩이 있다. 사용하는 포장재료의 산소투과도는 가능한 적은 것을 사용할 필요성이 있

표 6-12. 25%, 65%의 RH에 있어서 1년간의 보존기간을 얻기 위한 O_2
허용농도와 H_2O 증가 또는 감소 한계농도(%)[39]

식 품	O_2 허용농도(ppm)	H_2O 허용(%) 증가 또는 감소
레토르트 저산성 식품	1~3	
햄, 소시지	1~3	3(감소)
통조림 스프	1~3	3(감소)
스파게티 소스	1~3	3(감소)
가열 멸균 맥주	1~2	
와인(고품질)	2~5	
원두커피분말	2~5	
토마토 가공품	3~8	
스낵, 견과	5~15	5(증가)
건조식품	5~15	1(증가)
건조과일	5~15	
고산성 과일 주스	8~20	3(감소)
탄산함유 소프트드링크	10~40	3(감소)
오일 및 쇼트닝	20~50	
샐러드드레싱	30~100	10(증가)
땅콩 버터	30~100	10(증가)
잼, 젤리	50~200	3(감소)
위스키	50~200	

다(산소투과도는 $25\,^{\circ}C$에서 $20\,m\ell/m^2/atm/24\,h$ 이하인 것이 바람직하
다). 플라스틱 필름에서는 폴리염화비닐리덴, 에발(EVAL) 등의 라
미네이트 필름이 사용된다.

진공포장은 진공도가 $5\sim10$ Torr이며, 산소제거에 의한 정균(靜
菌)은 되지 않는다. 곰팡이 방지, 산화방지도 불완전하다.

유연한 포재(包材)를 이용한 진공포장에서는 내부의 공기가 배제

되기 때문에 공간이 없어진다. 진공포장 제품에는 가열살균한 것이 많은데 가열팽창이 일어나지 않기 때문에 포장 후 살균이 용이하게 되고 표면에 부착한 2차 오염균의 살균에는 특히 효과가 있다.

② 가스치환포장

진공포장은 용적의 수축이 일어나 내용물이 압축 변형되어 파손되는 일이 있다. 이러한 경우는 용기내의 공기를 질소 혹은 질소와 이

표 6-13. 신선식품과 가공식품의 가스치환 포장[40]

식품구분	식품명	가스의 종류	효 과
생고기	업무용 생고기	N_2+CO_2	미생물 억제와 육색소 유지
	소비자용 생고기	O_2+CO_2	육색소의 발색과 미생물 억제
생선류	생선토막	N_2+CO_2	육색소 유지와 미생물 억제
조리가공식품	테리누, 뫼니에르	N_2+CO_2	지미 유지과 미생물 억제
수산가공품	어묵	N_2+CO_2	세균과 곰팡이 발육저지
	가다랑어포	N_2	육색소의 산화방지
식육가공품	세절 햄, 프랑크프르트	N_2+CO_2	지방, 육색소의 산화 방지와 미생물 억제
유제품	드라이 밀크	N_2	산화방지
	슬라이스 치즈	N_2+CO_2	지방 산화방지와 곰팡이 발육방지
기호식품	커피, 홍차	N_2	향기 휘산방지
	일본차	N_2	비타민의 손실방지
과자류	유과자	N_2	지방의 산화방지
	카스텔라	N_2+CO_2	곰팡이 발육방지
	땅콩, 아몬드	N_2+CO_2	지방 산화방지
분말음료	분말주스	N_2	비타민의 손실방지, 향기 휘산방지

산화탄소의 혼합 가스로 치환하는 가스치환포장이 취해진다. 방법으로서는 용기 내부에 가스를 내뿜어 치환하는 가스플러쉬식, 챔버식 진공포장기에서 탈기한 후 가스를 넣어 봉합하는 방식이 있다. 사용되는 포장형태, 포재는 진공포장과 같다. 2〜4%의 산소가 남아 있어서 탈산소 효과는 진공포장과 동일한 정도이다. 일반적으로는 진공포장보다 외관이 좋기 때문에 가스치환포장이 취해지는 경우가 많다. 가스치환 포장한 제품의 예를 표 6-13에 나타냈다.

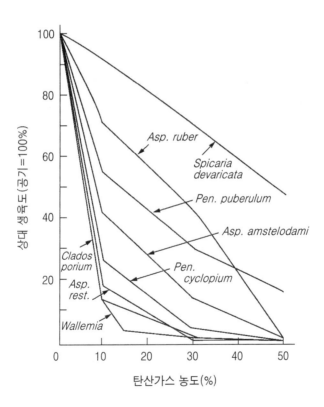

그림 6-6. 산소농도 20%에서 곰팡이의 생육에 미치는
탄산가스 농도의 영향[41]

산화 방지를 위해서는 질소가스가 많이 사용된다. 탄산가스는 호기성균에 대하여 정균작용이 있으므로 미생물 억제의 목적으로부터도 사용된다. 효과의 정도는 균의 종류에 따라서 현저하게 다르며, 일반적으로 곰팡이에 대한 작용이 가장 강하다(그림 6-6 참조).

탄산가스는 산소의 존재하에서도 꽤 유효하고, 가스팩으로 사용하면 다소 산소가 잔존하는 상태에서도 곰팡이의 생육이 억제되고 보존기간이 연장된다.

탄산가스는 고수분식품이나 유지식품에서는 식품에 녹아 들어가기 때문에 압력이 떨어지게 된다. 또한 산미를 느끼는 경우가 있다.

③ 탈산소제 봉입포장

탈산소제를 용기내에 봉입해서 용기내의 산소를 화학적으로 흡수 또는 제거하는 포장기법이다. 최근에는 산소를 이산화탄소로 치환하는 가스치환제도 있다. 탈산소제는 무기계(無機系, 주로 철분을 주성분으로 한다)를 위주로 하지만, 유기계(有機系, 주로 아스코르빈산을 주성분으로 한다)도 있어 이러한 약제를 통기성 포재(包材)에 충진한 것이다.

철계(鐵系) 탈산소제는 철이 산소와 결합하여 녹스는 것을 이용한 것이다. 이 반응에는 수분이 필요하며 산화의 기작은 복잡한 것 같지만 기본적으로는 다음과 같은 반응이 진행된다[42].

$$Fe \rightarrow Fe(OH)_2 \rightarrow Fe_2O_3$$

철계(鐵系)의 탈산소제는 포장된 식품으로부터 수분을 흡수하여 산소와 반응하는 수분의존형과 탈산소제 속에서 수분을 함유하여 공기에 접촉하면 즉시 산소와 반응하는 자력반응형의 2종류가 있다. 또한 식품의 수분활성에 대응하여 고수분용(A_w 0.8 이상), 즉효 타입

표 6-14. 각종 가스치환법의 비교

항 목	진공 포장	가스치환 포장	탈산소제 봉입포장
원 리	• 팩(pack)내의 공기를 진공으로 하여 몰아낸다.	• 팩내의 공기를 N_2 가스(또는 CO_2 혼합가스)로 치환한다.	• 팩내의 공기를 화학적으로 제거한다.
산소제거율	• 산소제거가 불완전하다.	• 통상 2~4% 이상의 산소가 잔존	• 탈산소율 ≒ 100%
팩(pack) 내부 산소량의 경시적 변화	• 내외의 압력차에 의한 산소 투과성이 커서 산소 증가량이 크다.	• 경시적으로 팩내 산소는 증가한다.	• 투과하여 들어가는 산소도 흡수가 가능하기 때문에 장기간 팩내를 산소가 없는 상태로 유지한다.
산화방지 효과	• 효과 있음	• 효과 있음	• 매우 효과 있음
곰팡이 방지 효과	• 곰팡이 발육억제 안됨	• 곰팡이 발생 억제 안됨(CO_2 혼합 가스를 사용하면 억제된다)	• 완전히 억제한다.
기타 미생물에 대한 효과	• 호기성균은 억제 안됨 • 통성혐기성균도 미량의 산소가 존재하는 호기성 환경 쪽이 증식에 용이하다.	• 호기성균은 억제 안됨 • 통성혐기성균도 미량의 산소가 존재하는 호기성 환경 쪽이 증식에 용이하다. • CO_2 가스는 편성 혐기성균의 증식을 촉진한다.	• 호기성균은 억제된다. • 통성혐기성균도 일반적으로 증식하기 어렵다(유산균 제외).

(계속)

항 목	진공 포장	가스치환 포장	탈산소제 봉입포장
설비 및 취급	• 설비필요 • 대량생산 방면	• 설비필요(설비 비용 크다) • 대량생산 방면	• 설비가 요구되지 않아 손쉽게 사용한다. • 대량생산도 자동 투입기 사용으로 가능
기타의 문제점	• 외형이 변형된다.	• N_2/CO_2 비율의 조절로 팽창, 수축 변형을 방지한다.	• 약 20% 용적 감소(가스치환제 의 사용) • 철계 탈산소제 에는 금속검출기 사용불가

(A_w 0.6~0.9), 저수분용(A_w 0.8 이하)이 있다.

탈산소제를 사용하는 경우에 내부의 산소농도를 낮게 유지하기 위해서는 진공포장, 가스치환포장과 같이 가스투과도가 낮은 포장재료를 사용할 필요가 있다.

탈산소제의 산소흡수 능력은 식품의 종류(주로 A_w), 유통조건(온도)에 따라서 다르지만, 12~48시간에서 산소농도를 0.1% 근처까지 저하시킬 수가 있다. 또한 적절한 포장재료를 사용하면 거의 제로까지 탈산소하는 것이 가능하다.

탈산소제 봉입포장은 진공포장이나 가스치환포장과 비교하여 잔존산소 농도가 낮기 때문에 산화방지에 유효할 뿐만 아니라, 호기성 미생물의 증식억제 효과를 기대할 수 있다. 또 탈산소를 위한 설비가 필요하지 않고 간단하게 사용할 수 있는 장점이 있다. 진공포장, 가스치환포장과의 비교를 표 6-14에 나타냈다.

3. 포장설계

　신제품의 포장은 컨셉 작성시에 내용물과 함께 마케팅의 시점에서부터 기본적인 사양이 결정되는 경우가 많다. 가공원료용 제품을 제외하여 소비자의 관심을 끌어당겨 구매에 이르게 하는 데는 포장의 역할이 크기 때문이다. 또 제조원가로부터 선택범위가 정해지는 일도 많다. 기술자로서는 마케팅의 구상을 근거로 해서 사회적, 공업적 역할에 대한 관점으로부터 결함이 없도록 제품특성과 유통조건을 고려하여 포장재료, 포장기법을 정하지 않으면 안 된다. 그러한 관계를 그림 6-7에 나타낸다.

　포장공정은 제조의 최종공정으로서 하나로 묶을 수 있지만, 예로서 '컵 된장'의 포장공정을 그림 6-8에 나타냈다. 내용은 충진에 한정하지 않고 계량, 봉함으로부터 인쇄에 이르기까지 다방면에 걸친다. 그리고 소비자로부터의 클레임은 이물혼입(반드시 포장이 원인이라고는 할 수 없지만)을 포함하면 포장공정에 관한 것이 압도적으로 많다. 씰 불량, 천공에 의한 내용물의 부패 및 누설, 표면의 불량, 인쇄의 희미함 등 다양하다. 포장설계에 있어서 포장의 안정성을 확보하는 일도 중요한 요소이다.

　포장공정을 제조공정과 비교하였을 때의 특징은 다음과 같다.

① 합리화 및 효율화가 일반적으로 늦게 되어 미숙련자에 의한 작업이 많다.

② 단순반복 작업이 많다.

③ 외부환경(유통업계, 소비자, 사용자)의 영향이 크고, 합리화와

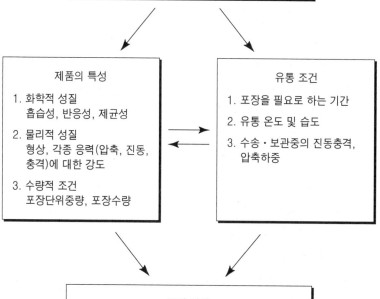

그림 6-7. 포장설계의 계통도

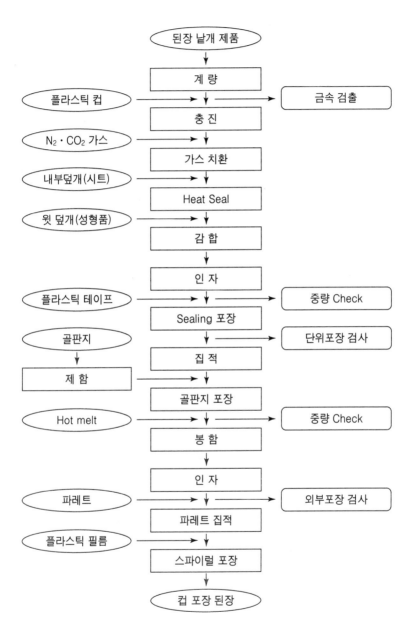

그림 6-8. 컵 포장 된장(味噌)의 포장공정

효율화를 꾀하는 것이 어렵다.

④ 각 기계의 신뢰성은 100%가 아니다.

따라서 포장불량은 기계로 인한 것과 내용물을 잘못 다루는 초보자에 의한 오류에서 비롯되는 것이 있다. 기계 등의 조정메뉴얼, 검품을 포함한 전체적 관리시스템을 정비하는 것이 필요하다.

포장불량을 줄이기 위해서는 다음과 같은 공정개선 노력이 요구된다.

① 포장공정의 라인화
② 취급(자동정렬, 집적, 반송 등)의 자동화
③ 단일기계(충진, 상자포장 등)의 신뢰성 향상
④ 계수 및 외관검사의 자동화

단순작업에 대해서는 적극적인 자동화 추진이 바람직한 것으로 생각된다.

인용문헌

(1) Brillat-Savarin 著(關根秀雄譯): 美味禮讚 21p, 白水社 (1996).

(2) 石毛直道編: 人間・食物・文化 13p, 平凡社(1980).

(3) 總務省統計局: 家計調查年報 平成 12年 220p, 總務省統計局(2000).

(4) 藤田吉邦: 食品工業 2000年1月15日号 42p, (2000).

(5) Urban, G.L. et al.(林廣茂他譯): Product Management 168p, President社(1989).

(6) 好井久雄他: 食品微生物學 Hand Book 76p-, 技報堂 (1995).

(7) 好井久雄他: 食品微生物學 Hand Book 80p-, 技報堂 (1995).

(8) 石谷孝佑: "GasPak" 1p, Packaging 別冊(1977).

(9) 井上富士雄: 食品と 微生物 1(1) 87(1984).

(10) Kosikowshi, E.V. and Fox, P.F.: J. Dairy Sci., **51**, 1018 (1968).

(11) 相磯和嘉: 食品微生物學 162p, 医齒藥出版(1976).

(12) 内田元: 保藏の 原理(食品化學) 152p, 朝倉書店(1976).

(13) 柴崎勳: 新・殺菌工學 10p, 光琳(1998).

(14) 石谷孝佑: 日本機械學會誌 **83**, 1263(1980).

(15) 松田典彥: 殺菌防黴 **3** (3), 9(1974).

(16) Cord, B.R. and Dychala, G.R.: Antimicrobials in Foods, Chap. **14**, 469(1993).

(17) 日本包裝技術協會編: 食品包裝便覽 237p, 日本生產性本部(1988).

(18) Trolle, J.A. and Christian, J.H.B.(平田孝, 林徹譯): 食品と水分活性 6p, 學會出版 Center(1981).

(19) Labuza, T.P.: J. Food Sci., **37**, 154(1972).

(20) Lento, H.S. et al.: Food Res., **23**, 68(1958).

(21) 鎌田榮基, 片山脩: 食品の色 45p, 光琳書院(1965).

(22) 光永新二, 島村馬次朗: 油化學, **7**, 275(1958).

(23) 福場博康, 小林昭夫編: 調味料・香辛料辭典 192p, 朝倉書店(1991).

(24) 日本包裝技術協會編: 食品包裝便覽 1242p, 日本生產性本部(1988).

(25) 渡辺長男: 食糧硏 **13**, 43(1952).

(26) 竹內 叶: 月刊 Food Chemical 1997年 6月号 29p,(1997).

(27) 日本包裝技術協會編: 包裝技術便覽 224p, 日本包裝技術協會(1995).

(28) 日本包裝技術協會編: 包裝技術便覽 225p, 日本包裝技術協會(1995).

(29) 野田茂剋: Japan Food Science **5**, 71(1976).

(30) 田中 明: Japan Food Science **11**, 34(1982).

(31) 初谷誠一編: 加工食品の 新しい包裝 169p, 流通 System 硏究 Center(1980).

(32) 總合食品安全辭典編輯委員會編: 總合食品安全辭典 836p, (株)產業調查會 辭典出版 Center(1994).

(33) 總合食品安全辭典編輯委員會編: 總合食品安全辭典 631p, (株)產業調查會 辭典出版 Center(1994).

(34) 日本包裝技術協會編: 食品包裝便覽 664p, 日本生產性本

部(1988).

(35) 日本包裝技術協會編：食品包裝便覽 674p, 日本生產性本
　　部(1988).

(36) 日本包裝技術協會編：食品包裝便覽 679p, 日本生產性本
　　部(1988).

(37) 日本包裝技術協會編：食品包裝便覽 681p, 日本生產性本
　　部(1988).

(38) 日本包裝技術協會編：食品包裝便覽 405p, 日本生產性本
　　部(1988).

(39) 日本包裝技術協會編：食品包裝便覽 461p, 日本生產性本
　　部(1988).

(40) 好井久雄他： 食品微生物學 Hand Book 493p, 技報堂
　　(1995).

(41) 石谷孝佑：日食工誌 **28** (4), 221(1981).

(42) 好井久雄他： 食品微生物學 Hand Book 498p, 技報堂
　　(1995).

저자 소개

이와타 나오키(岩田直樹)

· 1962년 토쿄도립대학 공학부 공업화학과 졸업
· 1955~1994년 아지노모도㈜ 식품연구소 및 중앙연구소 근무
· 크노르식품㈜ 상품연구소 근무
· 아지노모도냉동식품㈜ 냉동식품연구소 근무
· 1994~2001년 하나마루키㈜ 기술연구소장, 기술고문 역임

역자 소개

오남순(吳南舜)

· 독일 Giessen Univ. 응용생화학과(Ph.D.)
· 대상㈜ 중앙연구소 및 식품연구소 근무
· 대상식품㈜ 연구개발부 근무
· 캐나다 McGill Univ. 방문교수
· (현)공주대학교 식품공학과 교수

식품개발의 방법

2019년 10월 10일 재판 인쇄
2019년 10월 15일 재판 발행

저   자 : 岩田直樹
역   자 : 오 남 순
펴낸이 : 천 승 배
펴낸곳 : 돌샘 **유한문화사**

주소 : 경기도 고양시 덕양구 지도로124번길 8-35
전화 : 2668-2055
팩스 : 2668-2565
http://www.yuhansa.com
E-mail : yuhansa@hanmail.net
등록 : 제 5-31호. 1979. 3. 6.

값 12,000 원

ISBN : 89-7722-550-7 93570
저자와의 협의에 의해 인지는 생략합니다.